U0249989

高等学校遥感信息工程实践与创新系列教材

计算机图形学实习教程
——基于C#语言

于子凡　编著

WUHAN UNIVERSITY PRESS

武汉大学出版社

图书在版编目(CIP)数据

计算机图形学实习教程:基于 C#语言/于子凡编著 . —武汉:武汉大学
出版社,2017.9
高等学校遥感信息工程实践与创新系列教材
ISBN 978-7-307-19655-1

Ⅰ.计…　Ⅱ.于…　Ⅲ.①计算机图形学—高等学校—教材　②C 语
言—程序设计—高等学校—教材　Ⅳ.①TP391.411　②TP312.8

中国版本图书馆 CIP 数据核字(2017)第 215374 号

责任编辑:王金龙　　　责任校对:李孟潇　　　整体设计:马　佳

出版发行:**武汉大学出版社**　　(430072　武昌　珞珈山)
　　　　(电子邮件:cbs22@ whu. edu. cn 网址:www. wdp. com. cn)
印刷:湖北民政印刷厂
开本:787×1092　　1/16　　印张:8　　字数:188 千字　　插页:1
版次:2017 年 9 月第 1 版　　2017 年 9 月第 1 次印刷
ISBN 978-7-307-19655-1　　　　定价:24.00 元

序

实践教学是理论与专业技能学习的重要环节，是开展理论和技术创新的源泉。实践与创新教学是践行"创造、创新、创业"教育的新理念，是实现"厚基础、宽口径、高素质、创新型"复合型人才培养目标的关键。武汉大学遥感信息工程类(遥感、摄影测量、地理国情监测与地理信息工程)专业人才培养一贯重视实践与创新教学环节，"以培养学生的创新意识为主，以提高学生的动手能力为本"，构建了反映现代遥感学科特点的"分阶段、多层次、广关联、全方位"的实践与创新教学课程体系，夯实学生的实践技能。

从"卓越工程师计划"到"国家级实验教学示范中心"建设，武汉大学遥感信息工程学院十分重视学生的实验教学和创新训练环节，形成了一套针对遥感信息工程类不同专业和专业方向的实践和创新教学体系，形成了具有武大特色以及遥感学科特点的实践与创新教学体系、教学方法和实验室管理模式，对国内高等院校遥感信息工程类专业的实验教学起到了引领和示范作用。

在系统梳理武汉大学遥感信息工程类专业多年实践与创新教学体系和方法基础上，整合相关学科课间实习、集中实习和大学生创新实践训练资源，出版遥感信息工程实践与创新系列教材，服务于武汉大学遥感信息工程类在校本科生、研究生实践教学和创新训练，并可为其他高校相关专业学生的实践与创新教学以及遥感行业相关单位和机构的人才技能实训提供实践教材资料。

攀登科学的高峰需要我们沉下去动手实践，科学研究需要像"工匠"般细致入微实验，希望由我们组织的一批具有丰富实践与创新教学经验的教师编写的实践与创新教材，能够在培养遥感信息工程领域拔尖创新人才和专门人才方面发挥积极作用。

2017 年 1 月

前　　言

当前，计算机已经成为测绘行业的重要工具，测绘行业的从业人员必须熟练掌握计算机编程技能。而计算机图形学技术是制作电子地图的基本工具，因此计算机图形学成为测绘学科相关专业的专业基础课。计算机图形学中包含了大量的算法，充满各种理论、模型、技巧，仅依靠阅读课本，难以全面、准确地体会和理解各种算法的思路和精妙之处。动手编程实践，对于学习计算机图形学的各种算法很有好处，便于学生及时发现自己的理解偏差。

作为一门基础课，计算机图形学课程往往安排在大学低年级阶段。学生刚刚学完或同步学习面向对象程序设计课程，学到的一些基本编程技能和方法需要通过实践加以巩固和提高。但低年级学生对本专业的基本理论和方法缺乏了解，练习编程缺乏思路。计算机图形学正好提供了大量的算法，这些算法相对独立，编程难度也不大，可以为编程初学者提供大量的编程学习素材。

本书将计算机图形学的课程学习和提高编程技能紧密地结合起来。在本书中，按照章节组织计算机图形学的基本内容，各章节中选择有代表性的典型算法，首先分析算法思路，研究算法模型，然后用目前应用最广泛的 Visual C#语言对算法进行编程实现。第 1 章介绍了一个软件平台的编制方法，在随后的第 2~8 章分别介绍了计算机图形学中的各种基本内容，包括基本图形生成、图形填充和裁剪、图形的变换、图形投影、投影图形的消隐方法和曲线生成算法。每一章内容既相对独立，又是作为软件平台的组成部分，当所有章节的练习内容都做完以后，一个完整的图形学实习软件就形成了。各章的程序都有详细的注释，以帮助读者更好地理解编程思路。在程序实现过程中，尽可能使用常用的编程技巧，以帮助读者积累编程经验。为了帮助初学者降低学习难度和上升坡度，所有程序都经过检验，证明无误，读者只要加以模仿并认真体会教材内容，就能完成教材设定的基本任务。

本书在各章附有作业，为希望进一步提升编程能力的读者提供素材。

本书可作为与信息技术相关的专业本科生的计算机图形学辅助教材，也可以为需要学习和提高 Visual C#编程的初学者提供参考。

由于编者水平有限，书中难免存在不足和缺憾之处，敬请读者在阅读过程中，及时加以批评指正！

作者

2017 年 7 月

目　　录

第1章 实验平台建立

Microsoft. NET 是微软公司开发的一种面向网络、支持各种用户终端的新一代开发平台环境,其核心目标之一就是搭建第三代因特网平台,解决网络之间的协同合作问题,最大限度地获取信息,提供尽可能全面的服务。

C#语言是微软公司专门为 . NET 平台设计的开发语言之一。C#是从 C 和 C++派生出来的一种简单、现代、面向对象和类型安全的编程语言。微软宣称:C#是开发 . NET 框架应用程序的最好语言。C#运行于 . NET 之上,其特性与 . NET 紧密相关,它本身没有运行库,其强大的功能有赖于 . NET 平台的支持。

Visual Studio 是微软提供的集成开发环境,用于创建、运行和调试各种 . NET 编程语言编写的程序。Visual Studio 提供了若干种模版,帮助用户使用 . NET 编程语言(包括 C#、VB. NET、Java 语言)开发 Windows 窗体程序、控制台程序、WPF 程序等多种类型的应用程序,建立网站等。其中,Windows 窗体程序是在 Windows 操作系统中执行的程序,通常具有图形用户界面。

本书通过 C#语言编写 Windows 窗体程序来实现图形学的各种算法,并在图形用户界面上显示算法生成的图形。本书各种例子是在 Windows10 操作系统环境中,使用 Visual Studio 2015 集成开发环境实现的。

1.1 创建新项目

C#以项目为单位组织与管理软件的编制,以窗口来显示各种图形。因此,我们首先需要创建一个具有单一窗口的项目。打开 Visual Studio 2015,可以看到如图 1-1 所示的界面。

按照如图 1-2 所示的操作步骤,依次点击菜单项"文件"→"新建"→"项目"。

在出现的画面(见图 1-3)中,选择"Visual C#"→"Windows 窗体应用程序",并在"名称(N)"栏输入工程名(本书中采用"学号加姓名"),在"位置(L)"栏中确定将工程放在哪个文件夹中。

按"确认"键后,系统建立一个空的 Windows 窗体程序框架,其中包含一个名为 Form1 的窗体,用鼠标调整 Form1 窗体的大小,如图 1-4 所示。

在 Form1 窗体被选中的情况下(如果没有被选中,用鼠标点击一下 Form1 窗体即可),系统窗口右下角的属性窗口列出了窗体 Form1 的属性值,找到 Text 属性,键入属性值"计算机图形学练习平台"(见图 1-5)。由于 Form1 窗体是应用程序的主窗口,该属性值在程序执行时作为程序的标题显示出来。

1

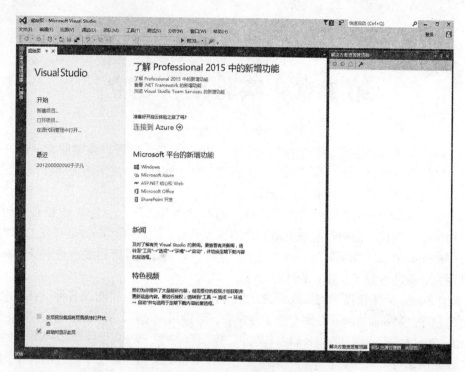

图 1-1　Visual Studio 2015 起始界面

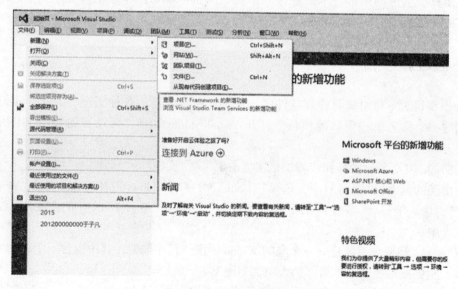

图 1-2　建立新项目步骤

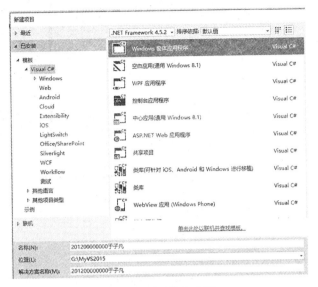

图1-3 项目命名步骤

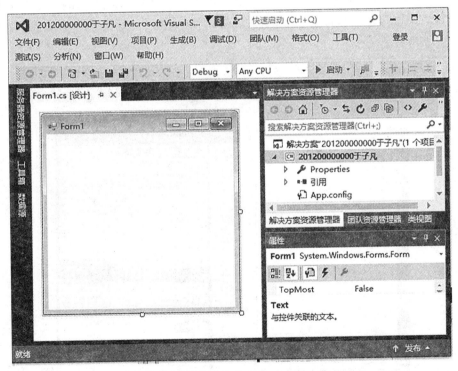

图1-4 系统自动建立的 Windows 窗体应用空程序

图 1-5　改变窗体项目显示名的方法

1.2　建立菜单

　　一个软件中，菜单是必不可少的，它引导使用者正确地操作软件。一个完整的菜单由若干个菜单项组成，菜单项可以分成主菜单项、子菜单项，在子菜单项下仍然可以建立下一级的子菜单。整个菜单就是这样构成了一个多级层次。

　　用鼠标指向 VS2015 平台左边框架的"工具箱"，工具箱内容显示出来，在"菜单和工具栏"项目中用鼠标将"MenuStrip"拖到 Form1 窗体，建立应用程序菜单系统，如图 1-6 所示。

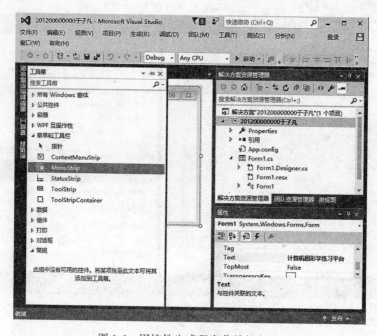

图 1-6　用控件生成程序菜单的方法

在 Form1 窗体下面，系统建立了名为"MenuStrip1"的控件，用鼠标选中该控件，Form1 窗体出现菜单第一项，显示"请在此处键入"，如图 1-7 所示。输入"基本图形生成"，可以看到该菜单项右边和下面分别出现两个空菜单项，右边是与该菜单项同级并列的另一个菜单项，下面则是该菜单项的子菜单。现在建立子菜单，在下面的子菜单项中输入"DDA 直线"，如图 1-8 所示。

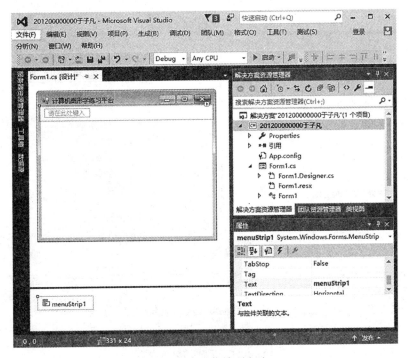

图 1-7　建立菜单项方法

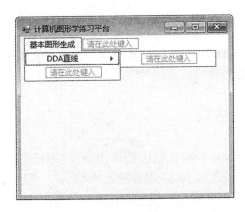

图 1-8　建立子菜单项方法

在 DDA 直线菜单项选中的情况下，图 1-7 所示的系统窗口右下角的属性窗口列出了 DDA 直线菜单项的全部属性。在该属性窗口中找到 Name 属性，鼠标点击属性值，改成

DDALine，如图 1-9 所示。

　　在图 1-5 中，我们修改了窗体项目的 Text 属性，在这里我们又修改了菜单项目的 Name 属性。Text 属性仅仅是在项目显示时展现出来的信息，Name 属性则是项目的名字，系统内部其他项目都是根据该名字查找、使用该项目。

　　用同样的方法依次建立各项子菜单，如图 1-10 所示，菜单项"基本图形生成"建立完毕。用同样的方法依次建立其他菜单项，建立的菜单如图 1-11 所示。

图 1-9　改变菜单项目名字的方法

图 1-10　菜单项"基本图形生成"的子菜单内容

图 1-11　完成的菜单内容

　　至此，程序菜单系统建立完毕。含有子菜单的菜单项为父菜单项，图 1-11 中除了"退出"菜单外都含有子菜单项。父菜单的功能是导出子菜单，不需要对其编写菜单响应函数。菜单响应函数的编写方法是直接双击菜单项，系统建立菜单响应程序框架。在建立菜单响应程序框架中，增加处理该菜单的程序。下面以"退出"菜单响应函数为例作说明。

1.3　建立菜单响应函数

　　菜单响应函数定义了菜单项应该完成的动作，以"退出"菜单项为例说明如何建立一个菜单项的响应函数。首先将其 Name 属性值改为"Exit"，鼠标双击"退出"菜单项，系统出现如图 1-12 所示画面。可以看到，刚才的菜单设计是在"Form1.cs[设计]"页面中进行，现在打开的是"Form1.cs"页面，它是专门针对窗体 Form1 进行编程的环境，针对 Form1 编写的程序都存储在文件 Form1.cs 中。

　　在鼠标双击"退出"菜单项后，系统在 Form1.cs 中自动添加了一个空函数 Exit_Click。从函数名就可以看出，它是鼠标点击名为"Exit"的某个单元后的响应函数。Exit 就是刚才

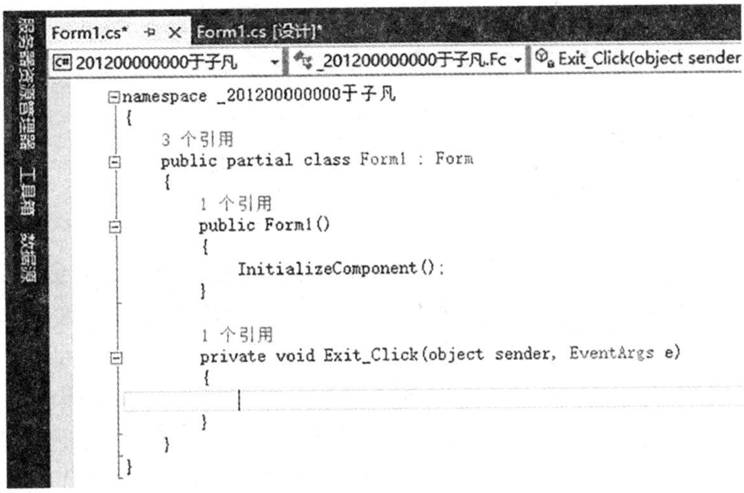

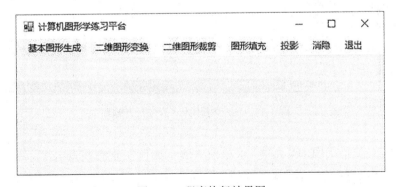

图 1-12 系统自动建立的菜单响应空函数

在建立"退出"菜单项时为菜单项 Name 属性设置的属性值。所以该函数就是"退出"菜单
响应函数，功能是结束应用程序。因此，添加内容如下面阴影部分所示(本书中，新添加
的程序语句均用加阴影的方式表示出来)：

private void Exit_Click(object sender, EventArgs e)
{
　　　　this. Close( );
}

　　在添加程序语句的过程中，可以看到 VS 为编程者提供了很多帮助，如在跳出的下拉
菜单中列出了当前所有可以输入的语句，我们既可以自己手工继续键入，也可以用鼠标在
所列出的语句中选择一个。VS 平台具有自动查错功能，未输完或者错误的语句都会被红
色波浪线提示。初学者应该尽量利用这些帮助，既可以加快输入速度，又可以避免错误。
　　按启动调试键 F5 键，如果没有任何语法、逻辑上的错误，系统编译并执行程序，得
到如图 1-13 所示画面。

图 1-13 程序执行效果图

用鼠标滑过各个父菜单可以看到其所含的子菜单组。由于还没有实现菜单响应，点击它们，没有任何反应。只有一个例外，点击"退出"菜单，立即结束程序。

1.4 技巧："橡皮筋"技术

用鼠标画直线需要确定两个端点。当我们确定直线的第二点时，很难记住第一点位置，这样对于将要画出的直线位置不好把握。"橡皮筋"技术能帮助我们画线时进行定位，它就像一根橡皮筋，在第一点和鼠标移动点之间始终保持一条直线，实际作用是将要画图形进行预览，如果用户对图形满意，进行确定，要画的图形就由算法完成了。

"橡皮筋"技术的关键是能够消除刚画的图形，将现场恢复成作图前的场景。在实现方面有两种技术途径：一是画图形前保留作图背景图像，需要恢复场景时将保留的背景图像拷贝到原处；二是利用"异或"方式画图形的技巧。"异或"方式具有这样的特点：将图形画第一次，有图形显现，在原地将图形画第二次，原来显现的图形消失，就好像被擦除了一样。在图形背景单纯的情况下，还可以进一步简化：第一次用前景色画图形，第二次用背景色画图形。这样，第二次的背景色图形正好覆盖第一次用前景色画的图形，从而将显现的图形擦除。

下面用实例介绍在画直线过程中，如何用前景色和背景色增加一根"橡皮筋"。

用 Visual Studio 2015 打开刚刚编制的图形程序，可以看到上次编制的 Form1 窗体和菜单系统，它们都存在于 Form1.cs[设计]页面中。Form1.cs 页面用来保存设计页面的后台程序，如果不能看到 Form1.cs 页面，在系统窗口右边的"解决方案资源管理器"中找到并点击"查看代码"按键或者直接点击 Form1 来打开 Form1.cs 页面，如图 1-14 实线圈和虚线圈所示。

图 1-14 用"查看代码"按键打开程序

在这里，我们借用"DDA 直线"菜单项，演示如何实现橡皮筋技术。在 Form1.cs[设计]页面中，双击"DDA 直线"菜单项，系统在 Form1.cs 页面自动生成空函数：private void DDALine_Click(object sender, EventArgs e)。在程序中添加如下内容：

```
namespace _201200000000 于子凡
{
    public partial class Form1：Form
    {
        public Form1()
        {
            InitializeComponent();
        }
        Color BackColor1 = Color. White;
        Color ForeColor1 = Color. Black;
        public int MenuID, PressNum, FirstX, FirstY, OldX, OldY;
        private void DDALine_Click(object sender, EventArgs e)
        {
            MenuID = 1; PressNum = 0;
            Graphics g = CreateGraphics();    //创建图形设备
            g. Clear(BackColor1);             //设置背景色
        }
    }
}
```

其中,MenuID 变量是菜单项的标志,PressNum 变量记录鼠标按键次数,FirstX、FirstY 用来记录线段第一端点坐标。实际的选点操作用 Form1 窗体中的鼠标操作完成,但因为窗体中的鼠标操作还要为众多的其他图形操作服务,并非为 DDA 直线所专有,所以要设置 MenuID 变量使窗体能够明确鼠标操作的服务对象。

在 Form1. cs[设计]页面点击 Form1 窗体空白处选中窗体,在系统窗口右下角的属性窗口中点击"事件"按键(如图 1-15 圆圈所示),在点击以后列出的所有窗体事件中,分别双击"MouseClick"事件(如图 1-16 所示)和"MouseMove",系统自动建立空的响应函数 Form1_MouseClick 和 Form1_MouseMove。

图 1-15 在属性框中选择所有事件

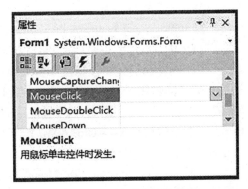

图 1-16 双击选中具体事件

在程序中添加如下内容:

```csharp
private void DDALine_Click(object sender, EventArgs e)
{
        MenuID = 1; PressNum = 0;
        Graphics g = CreateGraphics();   //创建图形设备
        g.Clear(BackColor1);                  //设置背景色
}

private void Form1_MouseClick(object sender, MouseEventArgs e)
{
        Graphics g = CreateGraphics();   //创建图形设备
        Pen MyPen = new Pen(Color.Red,1);
        if(MenuID == 1)
        {
            if(PressNum == 0)   //第一点,保留
            {
                FirstX = e.X; FirstY = e.Y;
                OldX = e.X; OldY = e.Y;
            }
            else//第二点,画线
            {
                g.DrawLine(MyPen, FirstX, FirstY, e.X, e.Y);
            }
            PressNum++;
            if(PressNum>=2) PressNum=0;//画线完毕,清零,为画下一条线做准备
        }
}

private void Form1_MouseMove(object sender, MouseEventArgs e)
{
        Graphics g = CreateGraphics();   //创建图形设备
        Pen BackPen = new Pen(BackColor1,1);
        Pen MyPen = new Pen(ForeColor1,1);
        if(MenuID == 1&&PressNum==1)
        {
            if(!(e.X==OldX&&e.Y==OldY))
            {
                g.DrawLine(BackPen, FirstX, FirstY, OldX, OldY);
                g.DrawLine(MyPen, FirstX, FirstY, e.X, e.Y);
                OldX = e.X;
```

```
          OldY = e. Y ;



}
```

按 F5 键编译、运行程序，用鼠标操作，查看效果。

本章作业

按照本章说明，建立计算机图形学练习平台，并认真体会窗体应用程序建立、菜单建立、菜单响应函数建立等方法的具体步骤。

第2章 基本图形生成

生成基本图形需要首先确定图形的定位信息。鼠标是人机交互环境下方便、简洁、常用的定位工具，本书确定使用鼠标为基本图形定位。不同的基本图形需要不同的定位信息，例如直线段需要两个定位端点，圆需要一个圆心和一个半径。为了正确地为图形生成提供定位信息，需要首先确定要绘制哪种基本图形，这可以通过点击菜单项得到。基本的图形生成过程是：首先通过点击菜单得到需要生成的图形种类信息，然后用鼠标为生成图形确定定位信息，最后用程序根据算法生成基本图形。在为每一种基本图形生成编程序前，要明确生成图形的操作思路，然后在编程中用程序语言实现。

2.1 生成直线的 DDA 算法

2.1.1 理论分析

一个直线段由两个端点唯一确定。在计算机图形学中，一个直线段常给出两个端点参数$(x0，y0)-(x1，y1)$，它们对应屏幕像素坐标，因而都是整数。对于一个直线段 $(x0，y0)-(x1，y1)$，根据斜率的不同，有以下六种线段(见图 2-1)。

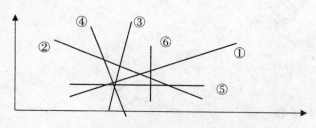

图 2-1 根据斜率不同划分的六种线段

对于第一种线段，要求起点$(x0，y0)$在左边，终点$(x1，y1)$在右边，如果不满足此条件，就交换$(x0，y0)$、$(x1，y1)$，改变起终点，使其满足 DDA 算法要求。在此基础上，第一种线段可以用数学模型：$x1-x0>y1-y0>0$ 表示。根据 DDA 算法，先计算 $m=(x1-x0)/(y1-y0)$。DDA 算法的初始条件：$x_0=x0$，$y_0=y0$；递推关系：$x_{i+1}=x_i+1$，$y_{i+1}=y_i+1$；终止条件：$x_i>x1$。

第一种线段用如下程序可实现：

```
for(x=x0,y=y0;x<=x1;x++,y=y+m)
```

```
    }
        drawpixel(x,int(y+0.5),RGB(255,0,0));//用红色画出像素(xᵢ,yᵢ)
    }
```

第二种线段同样要求起点$(x0，y0)$在左边，终点$(x1，y1)$在右边，其数学模型为：$x1-x0 > y0-y1 > 0$。第二种线段关于 X 轴做对称变换的结果就属于第一种线段。X 轴的对称变换在数学上十分简单，只要将图形各个点的 Y 坐标加上一个负号，就得到了图形关于 X 轴对称变换的结果。例如，点$(x0，y0)$关于 X 轴的对称变换点是$(x0，-y0)$；线段$(x0，y0)-(x1，y1)$关于 X 轴的对称变换线段就是$(x0，-y0)-(x1，-y1)$。因此第二种线段可以利用第一种线段使用的方法画出。这既简化了编程方法，又提高了程序段的重复利用率，是软件编程中大力提倡的做法。

如图 2-2 所示，线段 AB：$(x0，y0)-(x1，y1)$属于第二种线段，对 AB 做关于 X 轴的对称变换得到 $A'B'$：$(x0，-y0)-(x1，-y1)$，直线段 $A'B'$ 属于第一种线段。可以用第一种线段的程序求出直线段 $A'B'$ 上的每一个像素 $C'(x，y)$，但我们需要的是像素 C。因为 C 与 C' 关于 X 轴对称，由 C' 为$(x，y)$可知像素 C 为$(x，-y)$。

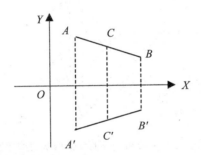

图 2-2　第二种线段的 X 轴对称变换属于第一种线段

现将第二种线段$(x0，y0)-(x1，y1)$的绘制方法总结如下：用第一种线段方法求出直线$(x0，-y0)-(x1，-y1)$的所有中间像素$(x，y)$，绘制像素$(x，-y)$。

第三种线段的数学模型是 $y1-y0 > x1-x0>0$，只要对线段作关于直线 $y=x$ 的对称变换，就变成了第一种线段，因此同样可以利用第一种线段画法解决。

如图 2-3 所示，直线段 AB：$(x0，y0)-(x1，y1)$属于第三种线段，对 AB 做关于直线 $y=x$ 的对称变换得到 $A'B'$：$(y0，x0)-(y1，x1)$。只要将图形各个点的 X、Y 坐标互换位置，就得到了图形关于直线 $y=x$ 对称变换的结果。线段 $A'B'$ 属于第一种线段，可以用第一种线段的程序求出每一个直线上的像素 $C'(x，y)$。但我们需要的是像素 C，由 C' 为$(x，y)$可知像素 C 为$(y，x)$。

现将第三种线段$(x0，y0)-(x1，y1)$的绘制方法总结如下：用第一种线段方法对直线$(y0，x0)-(y1，x1)$求出所有中间像素$(x，y)$，绘制像素$(y，x)$。

第四种线段的数学模型为 $y0-y1 > x1-x0>0$，也可利用第一种线段方法解决（见图 2-4）。

如图 2-4 所示，直线段 AB：$(x0，y0)-(x1，y1)$属于第四种线段，对 AB 先做关于 X

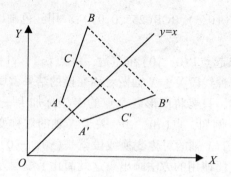

图 2-3　第三种线段关于 $y=x$ 直线对称变换得到第一种线段

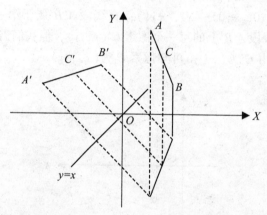

图 2-4　第四种线段关于 X 轴和 $y=x$ 直线的两次对称变换得到第一种线段

轴的对称变换，再做关于直线 $y=x$ 的对称变换得到 $A'B'$：$(-y0, x0)$-$(-y1, x1)$。直线段 $A'B'$ 属于第一种线段，可以用第一种线段的程序求出每一个直线上的像素 $C'(x, y)$。但我们需要的是像素 C，由 C' 为 (x, y) 可知像素 C 为 $(y, -x)$。这里要注意，从第一种线段到第四种线段的变换顺序是先作关于直线 $y=x$ 的对称变换，再作 X 轴的对称变换。

现将第四种线段 $(x0, y0)$-$(x1, y1)$ 的绘制方法总结如下：用第一种线段方法对直线 $(-y0, x0)$-$(-y1, x1)$ 求出所有中间像素 (x, y)，绘制像素 $(y, -x)$。

第五种线段是水平线，要求 $x0<x1$，$y0=y1$，一个循环语句就可以解决。绘制程序如下：

```
for(x=x0;x<=x1;x++)
{
    drawpixel(x, y0,RGB(255,0,0));
}
```

第六种线段是垂直线，要求 x0=x1，y0<y1。绘制程序如下：

```
for(y=y0;y<=y1;y++)
{
```

```
        drawpixel(x0, y, RGB(255,0,0));
    }
```

对于一条任意给定的直线段，首先要判断并去除两个端点重合的情况，否则会导致后面的程序段都无法处理的缺陷。然后需要判断它属于 1、2、3、4、5、6 中的哪一种，然后根据种类选择相应的绘制方法。

2.1.2 程序实现

在"橡皮筋"技术练习过程中，我们已经建立起 DDA 直线的操作框架，现在只要在建立框架中，用 DDA 算法生成直线函数进行必要的置换。

在程序中做如下修改：用函数 DDALine1 置换系统提供的画线函数 g. DrawLine。

```
private void Form1_MouseClick(object sender, MouseEventArgs e)
{

        Graphics g = CreateGraphics();//创建图形设备
        Pen MyPen = new Pen(Color. Red, 1);
        if (MenuID == 1)
        {
            if (PressNum == 0)//第一点,保留
            {
                FirstX = e. X; FirstY = e. Y;
                OldX = e. X; OldY = e. Y;
            }
            else//第二点,画线
            {
                DDALine1(FirstX, FirstY, e. X, e. Y);
            }
            PressNum++;
            if (PressNum>=2) PressNum=0;//画线完毕,清零,为画下一条线做准备
        }
}
```

DDALine1 是我们为实现 DDA 直线算法设置的函数，目前还没有建立。可以看到，系统立即以报错的方式指出这个函数的缺乏。紧接着 Form1_MouseClick 函数建立这个函数，在程序中添加如下内容：

```
            else//第二点,画线
            {
                DDALine1(FirstX, FirstY, e. X, e. Y);
            }
            PressNum++;
            if (PressNum>=2) PressNum=0;//画线完毕,清零,为画下一条线做准备
```

```
        }
    }
private void DDALine1(int x0, int y0, int x1, int y1)
{
    int x,flag;
    float m,y;
    Graphics g = CreateGraphics();//创建图形设备
    if(x0==x1&&y0==y1)return;//端点重叠,不画。这种情况不可忽略,否则程序有缺陷。
    if(x0==x1)//垂直线
    {
        if(y0>y1)//保证 y0 为最小
            x=y0;y0=y1;y1=x;
        for(x=y0;x<=y1;x++)
            g.DrawRectangle(Pens.Red, x1, x, 1, 1);//画点函数,在(x1,x)处画红点
        return;
    }
    if(y0==y1)//水平线
    {
        if(x0>x1)
            x=x0;x0=x1;x1=x;
        for(x=x0;x<=x1;x++)
            g.DrawRectangle(Pens.Red, x, y0, 1, 1);
        return;
    }
    if(x0>x1)//按照算法,(x0,y0)是左端点。如果不满足,就将(x0,y0)、(x1,y1)互换
    {
        x=x0;x0=x1;x1=x;
        x=y0;y0=y1;y1=x;
```

```
flag=0;//记录线段种类
if(x1-x0>y1-y0&&y1-y0>0)flag=1;//第一种线段,不做转化工作
if(x1-x0>y0-y1&&y0-y1>0)// 第二种线段,转化

    flag=2;y0=-y0;y1=-y1;//关于 X 轴对称,图形点 Y 坐标加负号

if(y1-y0>x1-x0)// 第三种线段,关于 y=x 对称,图形点坐标 x、y 互换位置

    flag=3;x=x0;x0=y0;y0=x;x=x1;x1=y1;y1=x;

if(y0-y1>x1-x0)// 第四种线段转化为第一种线段

    flag=4;x=x0;x0=-y0;y0=x;x=x1;x1=-y1;y1=x;

m=(float)(y1-y0)/(float)(x1-x0);
for(x=x0,y=(float)y0;x<=x1;x++,y=y+m)

    if(flag==1)g.DrawRectangle(Pens.Red, x, (int)(y+0.5), 1, 1);
    if(flag==2)g.DrawRectangle(Pens.Red, x, -(int)(y+0.5), 1, 1);
    if(flag==3)g.DrawRectangle(Pens.Red, (int)(y+0.5),x, 1, 1);
    if(flag==4)g.DrawRectangle(Pens.Red, (int)(y+0.5),-x, 1, 1);
```

正如我们使用函数 g. DrawLine 时所看到的那样,C#为窗体准备了图形设备,它为在窗体上进行图形绘制准备了大量的基本工具(如画笔、画刷等)、基本绘制方法(如点画线、粗细线、填充图形)以及基本图形的绘制函数(如线段、矩形、圆、曲线等)。我们可以利用图形设备直接绘制大量图形。但在学习图形学算法过程中,为了深刻理解图形学各种算法的思想,我们需要用图形学算法计算出图形上的每一个像素,通过绘制每一个像素的方法,完成图形的绘制。

上述程序段中,"Graphics g = CreateGraphics( );"语句创建了图形设备 g,该设备自动继承了其父类提供的大量图形工具,通过图形设备 g 就可以使用各种图形工具在窗体上进行图形操作。如语句"g. DrawRectangle(Pens. Red, x, y, 1, 1);"就是利用图形设备中的工具在(x, y)处画一个红点。从函数名可以看出,DrawRectangle(Pens. Red, x, y, 1, 1)是一个画红色矩形的函数,因为 C#图形设备没有提供直接画像素点的函数 drawpixel,因此用这个画宽度高度都为 1 的矩形来画像素点。

　　DDA 直线函数按照算法要求，将直线分成六类分别处理，其中只有第 1 类算法得到实现，第 2~4 类转化成第 1 类，而水平、垂直线段用循环语句直接实现。

　　按 F5 键编译、运行程序，用鼠标操作绘制各种线段，查看效果。

2.2　生成直线的中点算法

2.2.1　理论分析

　　中点直线算法与 DDA 直线类似，第 1 种线段用中点算法实现，第 2~4 种线段转化成第 1 种线段实现，水平、垂直直线用循环语句实现。根据中点算法，针对第 1 种线段，$(x0, y0)$ 是起点，在左边；$(x1, y1)$ 是终点，在右边。根据具体的中点算法有：

$\Delta x = x1 - x0$，$\Delta y = y1 - y0$

（1）初始条件：$(x_0, y_0) = (x0, y0)$，$d_0 = \Delta x - 2\Delta y$。

（2）递推公式：

$$x_{i+1} = x_i + 1$$

当 $d_i > 0$ 时，$y_{i+1} = y_i$，$d_{i+1} = d_i - 2\Delta y$

当 $d_i \leqslant 0$ 时，$y_{i+1} = y_i + 1$，$d_{i+1} = d_i - 2(\Delta y - \Delta x)$

（3）终止条件：$x_i \geqslant x1$。

公式中的 x_i、y_i、d_i 在程序中分别用变量 x、y、d 表示，则公式部分可以用以下语句实现：

```
x = x0; y = y0; d = (x1 - x0) - 2 * (y1 - y0);//初始条件
while(x<x1+1)//终止条件
{
    g. DrawRectangle(Pens. Red, x, y, 1, 1);//画点(x,y)
    x++;//以下是递推公式
    if (d > 0)
    {
        d = d - 2 * (y1 - y0);
    }
    else
    {
        y++; d = d - 2 * ((y1 - y0) - (x1 - x0));
    }
}
```

2.2.2　编程实现

　　中点直线和 DDA 直线操作方法完全一样，都是用鼠标在 Form1 窗体上确定直线段的两个端点，由算法生成直线段，只是在生成直线段时要使用中点算法。因此，从选菜单开始就要带有中点算法的标记。

在 Form1. cs［设计］页面中，点击、展开菜单项"基本图形生成"，选中子菜单项"中点直线"，并将子菜单项"中点直线"的 Name 属性值改为"MidLine"（见图 2-5）。

图 2-5　消除菜单项目名中的中文

双击"中点直线"菜单项，系统自动建立菜单响应函数 MidLine_Click，在该函数中插入如下语句：

```
private void MidLine_Click(object sender, EventArgs e)
{

    MenuID = 2; PressNum = 0;
    Graphics g = CreateGraphics();    //创建图形设备
    g. Clear(BackColor1);             //设置背景色

}
```

因为中点直线的操作方法与 DDA 直线操作方法完全一样，因此只要能够对两者加以区分，就可以借用 DDA 直线鼠标操作实现程序部分。为此，做如下修改：

```
Private void Form1_MouseClick(object sender, MouseEventArgs e)
{

    Graphics g = CreateGraphics();        //创建图形设备
    Pen MyPen = new Pen(Color. Red, 1);
    if (MenuID == 1 ||MenuID == 2)
    {

        if (PressNum == 0)//第一点,保留
        {

            FirstX = e. X; FirstY = e. Y;
            OldX = e. X; OldY = e. Y;

        }
```

```
            else//第二点,画线
            {
                    if( MenuID == 1)
                            DDALine1(FirstX, FirstY, e.X, e.Y);
                    if( MenuID == 2)
                            MidLine1(FirstX, FirstY, e.X, e.Y);

            PressNum++;
            if (PressNum >= 2) PressNum = 0;//画线完毕,清零,为画下一条线做准备
        }
}

private void Form1_MouseMove(object sender, MouseEventArgs e)
{

    Graphics g = CreateGraphics();//创建图形设备
    Pen BackPen = new Pen(BackColor1, 1);
    Pen MyPen = new Pen(ForeColor1, 1);
    if ((MenuID == 1||MenuID == 2) && PressNum == 1)
    {

        if (!(e.X == OldX && e.Y == OldY))
        {

            g.DrawLine(BackPen, FirstX, FirstY, OldX, OldY);
            g.DrawLine(MyPen, FirstX, FirstY, e.X, e.Y);
            OldX = e.X;
            OldY = e.Y;

        }

    }

}
```

　　MidLine1 函数是中点直线算法的实现程序。与 DDA 直线类似,第 1 种直线用中点算法实现,第 2~4 种直线转化成第一种直线实现,水平、垂直直线用循环语句实现。具体地,在程序中插入如下所示的 MidLine1 函数:

```
private void MidLine_Click(object sender, EventArgs e)
{

    MenuID = 2; PressNum = 0;
    Graphics g = CreateGraphics();    //创建图形设备
    g.Clear(BackColor1);              //设置背景色

}

private void MidLine1(int x0, int y0, int x1, int y1)
{
```

```
    int x,y,d,flag;
    Graphics g = CreateGraphics();//创建图形设备
    if(x0==x1&&y0==y1)return;//两个端点重叠,不画
    if(x0==x1)//垂直线
    {
        if(y0>y1)
        {
            x=y0;y0=y1;y1=x;
        for(y=y0;y<=y1;y++)
            g.DrawRectangle(Pens.Red,x1,y,1,1);//画点函数,在(x1,y)处画红点
        return;
    }
    if(y0==y1)//水平线
    {
        if(x0>x1)
        {
            x=x0;x0=x1;x1=x;
        for(x=x0;x<=x1;x++)
            g.DrawRectangle(Pens.Red,x,y0,1,1);//画点函数,在(x,y0)处画红点
        return;
    }
    if(x0>x1)//起点(x0,y0)是左端点,如果不满足,就将(x0,y0)、(x1,y1)互换
    {
        x=x0;x0=x1;x1=x;
        x=y0;y0=y1;y1=x;
    }
    flag=0;//直线类别标记
    if(x1-x0>y1-y0&&y1-y0>0)flag=1;
    if(x1-x0>y0-y1&&y0-y1>0)//第二种线段转化为第一种线段
    {
        flag=2;y0=-y0;y1=-y1;
    }
```

```
            if(y1-y0>x1-x0)//第三种线段转化为第一种线段
            {
                flag = 3;x = x0;x0 = y0;y0 = x;x = x1;x1 = y1;y1 = x;
            }
            if(y0-y1>x1-x0)//第四种线段转化为第一种线段
            {
                flag = 4;x = x0;x0 = -y0;y0 = x;x = x1;x1 = -y1;y1 = x;
            }
            x = x0; y = y0; d = (x1 - x0) - 2 * (y1 - y0);
            while(x<x1+1)
            {
                if(flag = = 1)g. DrawRectangle(Pens. Red, x, y, 1, 1);
                if(flag = = 2)g. DrawRectangle(Pens. Red, x, -y, 1, 1);
                if(flag = = 3)g. DrawRectangle(Pens. Red, y,x, 1, 1);
                if(flag = = 4)g. DrawRectangle(Pens. Red, y,-x, 1, 1);
                x++;
                if (d > 0)
                {
                    d = d - 2 * (y1 - y0);
                }
                else
                {
                    y++; d = d - 2 * ((y1 - y0) - (x1 - x0));
                }
            }
}
```

按 F5 键编译、运行程序，用鼠标操作绘制各种线段，查看效果。

2.3　生成圆的 Bresenham 算法

2.3.1　理论分析

我们已经知道，生成圆的 Bresenham 算法为：

（1）初始条件：$x_0 = 0$，$y_0 = R$，$d_0 = 3 - 2R$。

（2）递推公式：

$$x_{i+1} = x_i + 1$$

当 $d_i > 0$ 时，$y_{i+1} = y_i - 1$，$d_{i+1} = d_i + 4(x_i - y_i) + 10$

当 $d_i \leqslant 0$ 时，$y_{i+1} = y_i$，$d_{i+1} = d_i + 4x_i + 6$

(3)终止条件：$x_i > y_i$。

该算法是在圆心为$(0, 0)$、半径为 R 的前提下推导出来的，因此只适合生成圆心在原点的圆，并且该算法只是以顺时针方向计算了 90°到 45°的八分之一圆弧段上的像素。根据对称条件，找到了这个圆弧段上的一个圆上点(x, y)，就可以同时确定分布在其他 7个八分之一圆弧段上的 7 个点：$(x, -y)$，$(-x, y)$，$(-x, -y)$，(y, x)，$(y, -x)$，$(-y, x)$，$(-y, -x)$。当算法依次计算出 90°到 45°圆弧段上的所有像素后，利用对称关系，可以找到整个圆上的所有像素，一个完整的圆就形成了。

对于圆心在任意点$(x0, y0)$、半径为 R 的圆 A，该算法不能直接应用，但可以间接应用。考虑圆心为$(0, 0)$、半径为 R 的圆 B，A 与 B 比较，其对应像素坐标相差$(x0, y0)$。用该算法计算 B 的每一个像素(x, y)，但不显示，显示的是坐标为$(x+x0, y+y0)$的圆 A上的对应像素，这样圆 A 就画出来了。

2.3.2 编程实现

在"基本图形生成"菜单项下选中子菜单"Bresenham 圆"，将子菜单的 Name 属性值改为"BresenhamCircle"。双击子菜单项"Bresenham 圆"，在系统生成的菜单响应函数BresenhamCircle_Click 中增添如下内容：

```
private void BresenhamCircle_Click(object sender, EventArgs e)
{
    MenuID = 5; PressNum = 0;
    Graphics g = CreateGraphics();    //创建图形设备
    g.Clear(BackColor1);              //设置背景色
}
```

和直线生成一样，这里的响应函数只是做一个基本图形生成的类型标识，真正的图形生成操作在鼠标操作中完成。鼠标画圆的操作方式确定为：先用鼠标确定圆心，再用鼠标确定圆上任意一点。在鼠标点击响应函数中插入如下语句：

```
private void Form1_MouseClick(object sender, MouseEventArgs e)
{
    Graphics g = CreateGraphics();        //创建图形设备
    Pen MyPen = new Pen(Color.Red, 1);
    if(MenuID == 1||MenuID == 2)//画直线部分
    {
        if(PressNum == 0)//第一点,保留
        {
            FirstX = e.X; FirstY = e.Y;
        }
        else//第二点,画线
        {
            if(MenuID == 1)
```

```
                DDALine1(FirstX, FirstY, e. X, e. Y);
            if(MenuID == 2)
                MidLine1(FirstX, FirstY, e. X, e. Y);
        }
        PressNum++;
        if (PressNum>=2) PressNum=0; //画线完毕,清零,为画下一条线做准备
    }

    if (MenuID == 5)//画圆部分
    {
        if (PressNum == 0)//圆心,保留
        {
            FirstX = e. X; FirstY = e. Y;
        }
        else//圆上任一点,确定半径
        {
            if(FirstX ==e. X&&FirstY == e. Y)   //半径为0就不画了
                return;
            BresenhamCircle1(FirstX, FirstY, e. X,e. Y);
        }
        PressNum++;
        if (PressNum >= 2) PressNum = 0; //画圆完毕,清零,为画下一圆做准备
    }
}
```

在鼠标移动响应函数中插入如下语句:

```
private void Form1_MouseMove(object sender, MouseEventArgs e)
{
    Graphics g = CreateGraphics();//创建图形设备
    Pen BackPen = new Pen(BackColor1, 1);
    Pen MyPen = new Pen(ForeColor1, 1);
    if ((MenuID == 1||MenuID == 2) && PressNum == 1)
    {
        if (!(e. X == OldX && e. Y == OldY))
        {
            g. DrawLine(BackPen, FirstX, FirstY, OldX, OldY);
            g. DrawLine(MyPen, FirstX, FirstY, e. X, e. Y);
            OldX = e. X;
            OldY = e. Y;
        }
```

24

```
        }
        if ( MenuID = = 5 && PressNum = = 1)
        {
            if ( ! ( e. X = = OldX && e. Y = = OldY ) )
            {
                double r = Math. Sqrt( ( FirstX-OldX) * ( FirstX-OldX) +( FirstY-OldY) *
( FirstY-OldY) );//求圆半径
                int r1 = ( int )( r + 0.5) ;    //取整
                g. DrawEllipse( BackPen, FirstX-r1, FirstY-r1, 2 * r1, 2 * r1) ;//擦除旧圆
                r = Math. Sqrt( ( FirstX-e. X) * ( FirstX-e. X) +( FirstY-e. Y) * ( FirstY-e. Y) );
                //求圆半径
                r1 = ( int )( r + 0.5) ;          //取整
                g. DrawEllipse( MyPen, FirstX - r1, FirstY - r1, 2 * r1, 2 * r1) ;      //画新圆
                OldX = e. X;
                OldY = e. Y;
            }
        }
    }
```

g. DrawEllipse 函数是系统提供的画椭圆函数，这里借助它，通过画一个长短轴相等的椭圆，实现画圆的橡皮筋。BresenhamCircle1 函数是真正用圆的算法实现画圆的函数，还没建立。在程序 Form1. cs 程序中建立 BresenhamCircle1 函数如下：

```
private void BresenhamCircle_Click( object sender, EventArgs e)
{
    MenuID = 5; PressNum = 0;
    Graphics g = CreateGraphics( );   //创建图形设备
    g. Clear( BackColor1) ;           //设置背景色
}
private void BresenhamCircle1( int x0, int y0, int x1,int y1)
{
    int r, d, x, y;
    Graphics g = CreateGraphics( );//创建图形设备
    r = ( int )( Math. Sqrt( ( x1 - x0) * ( x1 - x0) + ( y1 - y0) * ( y1 - y0) ) + 0.5) ;
    x = 0; y = r; d = 3 - 2 * r;
    while ( x < y | | x = = y)
    {
        g. DrawRectangle( Pens. Blue, x+ x0, y + y0, 1, 1) ;
        g. DrawRectangle( Pens. Red, -x+ x0, y + y0, 1, 1) ;
        g. DrawRectangle( Pens. Green, x+ x0, -y + y0, 1, 1) ;
```

```
            g. DrawRectangle( Pens. Yellow, -x+ x0, -y + y0, 1, 1);
            g. DrawRectangle( Pens. Black, y+ x0, x + y0, 1, 1);
            g. DrawRectangle( Pens. Red, -y+ x0, x + y0, 1, 1);
            g. DrawRectangle( Pens. Red, y+ x0, -x + y0, 1, 1);
            g. DrawRectangle( Pens. Red, -y+ x0, -x + y0, 1, 1);
            x = x + 1;
            if (d < 0 || d == 0)
            {
                d = d + 4 * x + 6;
            }
            else
            {
                y = y - 1; d = d + 4 * (x - y) + 10;
            };
    }
```

按 F5 键编译、运行程序，用鼠标操作，查看效果。

本章作业

1. 按照本章说明，完成 DDA 直线、中点直线和 Bresenham 圆的程序编制。
2. 完成 Bresenham 直线程序编制。
3. 完成中点圆程序编制。

第3章 图形填充

3.1 扫描线填充算法

3.1.1 操作说明

为了显示图形效果，先在屏幕上用鼠标绘制一个封闭图形。具体操作是：首先用鼠标左键依次点击确定多边形的顶点，系统同时绘制相邻顶点之间的边；然后点击右键表示选点结束，系统绘制最后的顶点与第一个顶点之间的边，完成封闭多边形。在封闭多边形完成后，系统运用扫描线填充算法完成封闭多边形的填充。

3.1.2 编程实现

打开工程项目，在 Form1.cs[设计]页面中点击菜单项"图形填充"，在其下建立子菜单项"扫描线填充算法"，在菜单属性窗口将属性项 Name 的属性值改为"ScanLineFill"。双击菜单项"扫描线填充算法"，系统建立一个空的菜单响应函数 ScanLineFill_Click。在该函数中加入如下语句：

```
private void ScanLineFill_Click(object sender, EventArgs e)
{
    MenuID = 31; PressNum = 0;
    Graphics g = CreateGraphics();    //创建图形设备
    g.Clear(BackColor1);              //设置背景色
}
```

在窗口类 Form1 中增加一个数组 group 用来存放图形顶点。因为其他的算法也需要这样的数组，因此将其增设在 Form1 类成员中。

```
public int MenuID, PressNum, FirstX, FirstY, OldX, OldY;
Point[] group = new Point[100];    //创建一个能放 100 个点的点数组
```

在 Form1_MouseClick 函数中，增加菜单指示变量 MenuID 为 31（即开始扫描线填充算法）时的程序操作语句如下：

```
        BresenhamCircle1(FirstX, FirstY, e.X, e.Y);
    }
    PressNum++;
    if (PressNum >= 2) PressNum = 0;//画圆完毕,清零,为画下一圆做准备
```

```
  }
  if (MenuID == 31)//扫描线填充
  {
        Graphics g = CreateGraphics();//创建图形设备
      if (e.Button == MouseButtons.Left)//如果按左键,存顶点
      {
            group[PressNum].X=e.X;
            group[PressNum].Y=e.Y;
            if (PressNum > 0)//依次画多边形边
            {
                g.DrawLine(Pens.Red, group[PressNum-1], group[PressNum]);
            }
            PressNum++;//这里,PressNum 记录了多边形顶点数
      }
      if (e.Button == MouseButtons.Right)//如果按右键,结束顶点采集,开始填充
      {
            g.DrawLine(Pens.Red, group[PressNum-1],group[0]);//最后一条边
            ScanLineFill1();//调用填充算法,开始填充
            PressNum=0;//清零,为绘制下一个图形做准备
      }
  }
```

在 Form1_MouseMove 函数中,增加菜单指示变量 MenuID 为 31 时的程序操作语句如下:

```
if (MenuID == 5 && PressNum == 1)
{
    if (!(e.X == OldX && e.Y == OldY))
    {
        double r = Math.Sqrt((FirstX-OldX) * (FirstX-OldX) + (FirstY-OldY) *
(FirstY-OldY));  //求圆半径
        int r1 = (int)(r + 0.5);  //取整
        g.DrawEllipse(BackPen, FirstX - r1, FirstY - r1, 2*r1, 2*r1);//擦除旧圆
        r = Math.Sqrt((FirstX-e.X) * (FirstX-e.X)+(FirstY-e.Y) * (FirstY-e.Y));
        //求圆半径
        r1 = (int)(r + 0.5);        //取整
        g.DrawEllipse(MyPen, FirstX - r1, FirstY - r1, 2*r1, 2*r1);  //画新圆
        OldX = e.X;
        OldY = e.Y;
    }
}
```

```
}
if( MenuID = = 31&&PressNum>0)
{
        if ( ! ( e. X = = OldX && e. Y = = OldY) )
        {
                g. DrawLine(BackPen, group[ PressNum-1]. X,group[ PressNum-1]. Y,OldX,OldY);
                g. DrawLine(MyPen, group[ PressNum-1]. X,group[ PressNum-1]. Y, e. X, e. Y);
                OldX = e. X;
                OldY = e. Y;
        }
}
```

ScanLineFill1 函数是用来实现算法的函数，到现在为止还没实现。系统不能容忍一个还没实现的函数被使用，因此会提示错误。为了消除错误，立即建立一个空函数如下：

```
private void ScanLineFill1( )
{
}
```

按 F5 键编译执行，可以用鼠标点击一系列左键，确定封闭多边形顶点位置，点击鼠标右键，结束多边形顶点选择，多边形自动封闭，在窗口中画出封闭多边形。

现在来实现扫描线算法。首先，应该建立边结构，边结构中保留了每一条非水平边的信息。一条边基本信息是两个端点，为了后续算法顺利进行，将信息组织为上端的 Y 坐标、下端点的 X 坐标和斜率的倒数。在教科书中，以下端点的 Y 坐标对边结构进行分类，每条边下端点的 Y 坐标信息暗含在 ET 表中，为了编程方便，本书将下端点的 Y 坐标也建立在边结构中。因此，在 Form1 类中建立如下结构数据类型：

```
public int MenuID, PressNum, FirstX, FirstY,OldX,OldY;
public struct EdgeInfo
{
        int ymax, ymin;       //Y 的上下端点
        float k,xmin;         //斜率倒数和 X 的下端点
        //为四个内部变量设置的公共变量,方便外界存取数据
        public int YMax { get{ return ymax; } set { ymax = value; } }
        public int YMin { get{ return ymin; } set { ymin = value; } }
        public float XMin { get { return xmin; } set { xmin = value; } }
        public float K { get { return k; } set { k = value; } }
        //构造函数,这里用来初始化结构变量
        public EdgeInfo( int x1, int y1, int x2, int y2) //(x1,y1):下端点;(x2,y2):上端点
        {
                ymax = y2; ymin = y1; xmin = (float)x1; k = (float)(x1 - x2) / (float)
(y1 - y2);
```

```
        }
    }
Point[ ] group = new Point[100];//创建一个能放 100 个点的点数组
```

group 数组中依次存放着封闭多边形顶点，相邻的两个点构成封闭多边形的一条边。首先需要根据 group 数组中的各条边，建立各边的边结构。设立一个边结构数组 edgelist，从 group 数组中依次取出每一条边，生成边结构，存入边结构数组，如下所示：

```
private void ScanLineFill1( )
{
    EdgeInfo[ ] edgelist = new EdgeInfo[100];     //建立边结构数组
    group[PressNum] = group[0];     //将第一点复制为数组最后一点
    for(int i = 0;i<PressNum;i++)        //建立每一条边的边结构
    {
        if (group[i].Y ! = group[i+1].Y)     //只处理非水平边
        {
            if (group[i].Y > group[i+1].Y)     //下端点在前,上端点在后
            {
                edgelist[j++] = new EdgeInfo(group[i+1].X, group[i+1].Y, group[i].X, group[i].Y);
            }
            else
            {
                edgelist[j++] = new EdgeInfo(group[i].X, group[i].Y, group[i+1].X, group[i+1].Y);
            }
        }
    }
}
```

按照算法，下面要建立 ET 表和 AEL 表，并随着扫描线的不断上移，将 ET 表中的边逐步插入 AEL 表，并按算法改变边结构中的数据。如果严格按照算法执行，编程难度很大。分析算法可知，具体的填充是在 AEL 表中完成，而 AEL 表由 ET 表中与扫描线相交的边（即 ymin>=y<ymax）组成，只要根据当前扫描线位置 y 从边结构数组中找出所有与扫描线相交的边结构，就得到当前 AEL 表，就可以进行扫描线填充。这样就不需要建立结构复杂、难以表达的 ET 表了，因此编程实现方法可以直接建立 AEL 表。必须解决的一个问题是算法的结束条件。按照算法，当 ET 表和 AEL 表均为空时，算法结束，现在没有 ET 表了，如何结束？分析算法整个过程，对于一个图形的填充，扫描线的有效范围是从图形的最低点到图形的最高点。因此，对于存在于 Group 数组中的图形，只要找到了图形的最低点和最高点，扫描线运动范围就确定了。为此，要设置两个变量，确定算法操作范围，插入如下语句：

```
private void ScanLineFill1( )
{
    EdgeInfo[ ] edgelist = new EdgeInfo[100];   //建立边结构数组
    int j = 0,yu = 0,yd = 1024;   //活化边的扫描范围从 yd 到 yu
    group[PressNum] = group[0];   //将第一点复制为数组最后一点
    for( int i = 0;i<PressNum;i++)      //建立每一条边的边结构
    {
        if ( group[i].Y > yu) yu = group[i].Y;   //找出图形最高点
        if ( group[i].Y < yd) yd = group[i].Y;   //找出图形最低点
        if ( group[i].Y ! = group[i + 1].Y)        //只处理非水平边
        {
            if ( group[i].Y > group[i + 1].Y)
            {
                edgelist[j++] = new EdgeInfo(group[i + 1].X, group[i + 1].Y, group[i].X, group[i].Y);
            }
            else
            {
                edgelist[j++] = new EdgeInfo(group[i].X, group[i].Y, group[i+1].X, group[i+1].Y);
            }
        }
    }
    for( int y = yd;y<yu;y++)
    {
        //AEL 表操作,目前只建立了空架子
    }
}
```

AEL 表操作的第一步就是从结构数组 edgelist 中选出与扫描线 *y* 相交的边结构, 并排序。C#的 Linq 技术为我们提供了合适的方法, 插入如下语句:

```
for( int y = yd;y<yu;y++)
{
    //AEL 表操作,目前只建立了空架子
    var sorted =                            //定义存放选择结果的集合
        from item in edgelist               //从 edgelist 中选边结构
        where y<item.YMax&&y>=item.YMin     //选择条件
        orderby item.XMin,item.K            //集合元素排序条件
        select item;                        //开始选
```

```
}
```

AEL 表操作的第二步就是两两配对，画线。为此，要设置图形设备，插入如下语句：

```
Graphics g = CreateGraphics( );  //创建图形设备
for( int y=yd;y<yu;y++)
{
//AEL 表操作,目前只建立了空架子
    var sorted =                    //定义存放选择结果的集合
        from item in edgelist              //从 edgelist 中选边结构
        where y<item. YMax&&y>=item. YMin  //选择条件
        orderby item. XMin,item. K         //集合元素排序条件
        select item;                       //开始选
    int flag = 0;  //设置一个变量用来标记是第一点还是第二点
    foreach (var item in sorted)    //两两配对,画线
    {
        if (flag == 0)  //第一点
        {
            FirstX = (int)(item. XMin+0. 5); flag++;   //取点,改标记,不画
        }
        else  //第二点
        {
            g. DrawLine(Pens. Blue, (int)(item. XMin+0. 5), y, FirstX-1, y);
                                            //画,改标记
            flag = 0;
        }
    }
}
```

AEL 表操作的最后一步就是修改边结构中的 x 值，如下：

```
foreach (var item in sorted)  //两两配对,画线
{
    if (flag == 0)
    {
        FirstX = (int)(item. XMin+0. 5); flag++;
    }
    else
    {
        g. DrawLine(Pens. Blue, (int)(item. XMin+0. 5), y, FirstX-1, y);
        flag = 0;
    }
}
```

```
    }
    for ( int i = 0; i < j;i++ )      //将 dx 加到 x 上
    {
        if ( y < edgelist[ i ].YMax - 1 && y > edgelist[ i ].YMin )   //选出与当前扫描线相
                                                                    交的边
        {
            edgelist[ i ].XMin += edgelist[ i ].K;   //修改边结构中 X 域的数值
        }
    }
```

按 F5 键，运行，查看结果。

本章作业

按照本章说明，完成扫描线填充算法。

第4章 二维裁剪

4.1 Cohen-Sutherland 算法

4.1.1 理论分析

Cohen-Sutherland 算法是对直线段进行窗口裁剪的算法。该算法将窗口平面划分成九个区域，每个区域给予不同的编码。根据线段端点落入不同的区域，给予线段端点不同的编码。该算法的特点是将图形操作问题转化成计算机擅长的编码处理问题。基于线段端点编码，算法给出了一整套裁剪的方法。为了将精力集中在裁剪的实现上，事先规定一个窗口。操作时，任意输入直线段，用该窗口对直线段进行裁剪。

在选择裁剪菜单后，立即生成指定窗口。用鼠标左键点两点，确定线段的两个端点。用一种颜色显示线段的位置。线段确定后立即进行裁剪，用另一种颜色标记裁剪结果。

4.1.2 编程实现

打开工程项目，在菜单项"二维裁剪图形"下建立子菜单"Cohen 算法"，在其属性窗口将属性项 Name 的属性值改为"CohenCut"。双击菜单项"Cohen 算法"，系统建立一个空的菜单响应函数 CohenCut_Click。在该函数中加入如下语句：

```
private voidCohenCut_Click( object sender, EventArgs e)
{
    MenuID = 21; PressNum = 0;
    Graphics g = CreateGraphics( );              //创建图形设备
    XL = 100; XR = 400; YD = 100; YU = 400;  //窗口参数
    pointsgroup[ 0 ] = new Point( XL, YD );
    pointsgroup[ 1 ] = new Point( XR, YD );
    pointsgroup[ 2 ] = new Point( XR, YU );
    pointsgroup[ 3 ] = new Point( XL, YU );
    g. DrawPolygon( Pens. Blue, pointsgroup); //创建裁剪窗口
}
```

用 MenuID 变量表示后续的操作都与该算法有关,因为要使用鼠标,因此初始化 PressNum 变量。用四个变量记录窗口参数,因为其他的很多算法也要使用窗口,因此将这四个变量变为 Form 类变量,为此要对 Form 类变量做添加如下:

```
public int MenuID, PressNum, FirstX, FirstY,R,XL,XR,YU,YD;
```

为了方便使用图形相关函数画窗口，设置了一个包含四个点的数组 pointsgroup。由于其他算法也需要事先画窗口，将这个数组同样设为 Form 类变量公共变量，如下：

```
Point[ ] group=new Point[100];        //创建一个能放 100 个点的点数组
Point[ ] pointsgroup=new Point[4];    //创建一个有 4 个点的点数组
```

这样，一个预设的窗口在算法实施前建立好了。在这里改变窗口参数 XL、XR、YU、YD，可以改变裁剪窗口的大小。

在 Form1_MouseClick 函数中，增加菜单指示变量 MenuID 为 21（即开始 Cohen-Sutherland 裁剪算法）时的程序操作语句如下：

```
        if (PressNum >= 2) PressNum = 0;//完毕,清零,为下一次做准备
    }
if (MenuID == 21)     //Cohen 裁剪算法
    {
        if (PressNum == 0)    //保留第一点
        {
            FirstX = e. X; FirstY = e. Y; PressNum++;
        }
        else//第二点,调用裁剪算法
        {
            CohenCut1(FirstX, FirstY, e. X, e. Y); //CohenCut 裁剪
            PressNum = 0;    //清零,为下一次裁剪做准备
        }
    }
```

函数 CohenCut1 是在窗口参数和线段参数都已获取的前提下实现 Cohen-Sutherland 裁剪算法的函数。在窗体实现程序 Form1. cs 中插入以下函数：

```
private void CohenCut1(int x1,int y1,int x2,int y2)
    {
        int code1=0,code2=0,code,x=0,y=0;
        Graphics g = CreateGraphics();          //创建图形设备
        g. DrawLine(Pens. Red, x1,y1,x2,y2);    //画原始线段
        code1 = encode(x1, y1);       //对线段端点编码
        code2 = encode(x2, y2);
        while (code1 ! = 0 || code2 ! = 0)
        {
            if ((code1 & code2) ! = 0) return;    //完全不可见,
            code = code1;
            if (code1 == 0) code = code2;
            if ((1 & code) ! = 0)      //求线段与窗口左边的交点:0001=1
```

```
            }
                x = XL;
                y = y1 + (y2 - y1) * (x - x1) / (x2 - x1);
            }
            else if ((2 & code) ! = 0)    //求线段与窗口右边的交点:0010 = 2
            {
                x = XR;
                y = y1 + (y2 - y1) * (x - x1) / (x2 - x1);
            }
            else if ((4 & code) ! = 0)    //求线段与窗口底边的交点:0100 = 4
            {
                y = YD;
                x = x1 + (x2 - x1) * (y - y1) / (y2 - y1);
            }
            else if ((8 & code) ! = 0)        //求线段与窗口顶边的交点:01000 = 8
            {
                y = YU;
                x = x1 + (x2 - x1) * (y - y1) / (y2 - y1);
            }
            if (code = = code1)
            {
                x1 = x; y1 = y; code1 = encode(x, y);
            }
            else
            {
                x2 = x; y2 = y; code2 = encode(x, y);
            }
        }
    Pen MyPen = new Pen(Color.Yellow, 3);    //创建一支粗笔
    g.DrawLine(MyPen,x1,y1,x2,y2);    //画裁剪线段
}
```

其中，函数 encode 的功能是对线段的一个端点进行编码，目前还没有，需要立即实现。如果严格按照算法描述方法逐个生成每个裁剪线段端点 4 个二进制码位，编程繁复。这里根据窗口参数先确定 9 个区域，然后根据端点落在哪个区域，直接赋予编码。encode 函数实现如下：

```
Pen MyPen = new Pen(Color.Yellow, 3);//创建一支粗笔
g.DrawLine(MyPen,x1,y1,x2,y2);//画裁剪线段
}
```

```
private int encode(int x, int y)
{
    int code = 0;//编码位规定:YU-YD-XR-XL
    if (x >= XL && x <=XR && y >= YD && y <=YU) code = 0;
                                                // 窗口区域: 0000;
    if (x < XL && y >= YD && y <= YU) code = 1;  // 窗口左区域:0001;
    if (x > XR && y >= YD && y <= YU) code = 2;  // 窗口右区域:0010;
    if (x >= XL && x <= XR && y > YU) code = 8;  // 窗口上区域:1000;
    if (x >= XL && x <= XR && y < YD) code = 4;  // 窗口下区域:0100;
    if (x <= XL && y > YU) code = 9;             // 窗口左上区域:1001;
    if (x >= XR && y > YU) code = 10;            // 窗口右上区域:1010;
    if (x <= XL && y < YD) code = 5;             // 窗口左下区域:0101;
    if (x >= XR && y < YD) code = 6;             // 窗口右下区域:0110;
    return code;
}
```

编码并没有用按照算法要求用 4 位二进制数据表示、形成和使用,在编程时用十进制表示,在计算机内部,系统自动转化成二进制数。

按 F5 键编译执行,查看编程结果。

4.2 中点裁剪算法

4.2.1 理论分析

中点裁剪算法是对直线段进行窗口裁剪的算法。该算法的目标是从线段的一端出发,沿着线段向另一端方向搜索,寻找离起始端点最近的可见点。如果起始端点本身就在窗口内,那起始端点本身就可见,直接将起始端点作为最近可见点,否则需要用搜寻方法寻找离起始端点最近的可见点,然后交换起点、终点,从另一端寻找最近的可见点。通过两个可见点确定线段的可见部分。

中点裁剪算法的搜寻方法是:根据线段的起始端点和终点确定线段的中点,中点将线段分成两半;根据起点所在的半线段是否在窗口的一条边所确定的外侧空间来决定舍弃哪一半。如果起点所在半线在窗口的外侧空间,则将该段舍弃,其操作动作就是将线段起始端点移到中点处。如果该条件不满足就舍弃起点所不在半段线,其操作动作就是将线段终点移到中点处。由于一次裁去一半,线段的起点和终点将很快靠近。当起点与终点相邻时,就需要从两者中选一个作为最近可见点,结束算法。如果要裁剪的线段完全不可见,这两个点必然都在窗口外,据此,可以将整个线段抛弃;如果要裁剪的线段部分可见,这两个点至少有一个在窗口内,将在窗口内的点选出作为最近可见点。

中点分割裁剪算法的操作与 Cohen-Sutherland 裁剪算法的操作完全一样,在选择裁剪菜单后,立即生成裁剪窗口。用鼠标左键点两点,确定一条将要被裁剪的线段。用一种颜色显示线段的位置。线段确定后立即进行裁剪，用另一种颜色标记裁剪结果。

4.2.2　编程实现

打开工程项目，在菜单项"二维裁剪图形"下建立子菜单项"中点分割算法"，在菜单属性窗口将属性项 Name 的属性值改为"MidCut"。双击菜单项"中点分割算法"，系统建立一个空的菜单响应函数 MidCut_Click。在该函数中加入如下语句：

```
private void MidCut_Click(object sender, EventArgs e)
{
    MenuID = 22; PressNum = 0;
    Graphics g = CreateGraphics();              //创建图形设备
    XL = 100; XR = 400; YD = 100; YU = 400;
    pointsgroup[0] = new Point(XL, YD);
    pointsgroup[1] = new Point(XR, YD);
    pointsgroup[2] = new Point(XR, YU);
    pointsgroup[3] = new Point(XL, YU);
    g.DrawPolygon(Pens.Blue, pointsgroup);  //画裁剪窗口
}
```

由于鼠标操作与 Cohen- Sutherland 裁剪算法操作完全一样，可以借助 Cohen 算法搭建的程序结构，具体做法是在 Form1_MouseClick 函数中加入如下语句：

```
if (MenuID == 21 || MenuID == 22)
{
    if (PressNum == 0)//保留第一点
    {
        FirstX = e.X; FirstY = e.Y; PressNum++;
    }
    else//第二点,调用裁剪算法
    {
        if(MenuID == 21)        //CohenCut 裁剪
            CohenCut1(FirstX, FirstY, e.X, e.Y);
        if(MenuID == 22)        //中点裁剪
            MidCut1(FirstX, FirstY, e.X, e.Y);
        PressNum = 0;//清零,为下一次裁剪做准备
    }
}
```

函数 MidCut1 是实现中点分割裁剪算法的函数。实现方法是接着 MidCut_Click 函数后建立如下函数：

```
private void MidCut1(int x1, int y1, int x2, int y2)
{
```

```
        Graphics g = CreateGraphics( );              //创建图形设备
        g. DrawLine(Pens. Red, x1,y1,x2,y2);          //画要裁剪的线段
        Point p1, p2;
        if (LineIsOutOfWindow( x1, y1, x2, y2))   //如果现在就可以确定线段完全不可
                                                  //见,结束
            return;
        p1 = FindNearestPoint( x1, y1, x2, y2);    //从(x1,x1)出发,寻找最近可见点
        if (PointIsOutOfWindow( p1. X,p1. Y))  //找到的"可见点"不可见,结束
            return;
        p2 = FindNearestPoint( x2, y2, x1, y1);        //从(x2,y2)出发,寻找最近可见点
        Pen MyPen = new Pen(Color. Yellow, 3);
        g. DrawLine( MyPen, p1, p2);                   //画裁剪后的线段
}
```

LineIsOutOfWindow 函数和 PointIsOutOfWindow 函数分别用来判断一条线和一个点是否在窗口一条边的外侧空间,如果是就返回逻辑值 True,否则返回 False。现在还没有建立,需要立刻创建。紧接着 MidCut1 函数,可以插入下列函数实现语句:

```
private bool LineIsOutOfWindow( int x1,int y1,int x2,int y2)
{   //四条窗口边逐条判断
    if (x1 < XL && x2 < XL)      //线段在窗口左边以外
        return true;
    else if(x1 > XR && x2 > XR)   //线段在窗口右边以外
        return true;
    else if(y1 > YU && y2 > YU)   //线段在窗口上边以外
        return true;
    else if(y1 < YD && y2 < YD)   //线段在窗口下边以外
        return true;
    else
        return false;
}
private bool PointIsOutOfWindow( int x,int y)
{
    if (x < XL)      //点在窗口左边以外
        return true;
    else if(x > XR)   //点在窗口右边以外
        return true;
    else if(y > YU)   //点在窗口上边以外
        return true;
    else if(y < YD)   //点在窗口下边以外
```

```
            return true;
        else
            return false;
}
```

MidCut1 函数中还用到了 FindNearestPoint 函数，它的功能是寻找离起始点最近的可见点，参数的排列规则是：起点在前（即(x1，y1)），终点在后（即(x2，y2)）。函数实现如下：

```
private Point FindNearestPoint(int x1, int y1, int x2, int y2)
{                                //(x1,y1)是起始端点,(x2,y2)是终点
    int x=0, y=0;
    Point p = new Point(0, 0);
    if(! PointIsOutOfWindow(x1,y1))   //如果起点可见,直接返回起点
    {
        p. X=x1;
        p. Y=y1;
        return p;
    }
    while (! (Math. Abs(x1 - x2) <= 1 && Math. Abs(y1 - y2) <= 1))
    {                            //判断是否起、终点足够靠近
        x = (x1 + x2) / 2; y = (y1 + y2) / 2;
        if (LineIsOutOfWindow(x1, y1, x, y))
        {
            x1 = x; y1 = y;        //在外,起始点移到中点
        }
        else
        {
            x2 = x; y2 = y;        //不在外,终点移到中点
        }
    }
    if (PointIsOutOfWindow(x1, y1))
    {
        p. X = x2; p. Y = y2;        //起始点在外,返回终点
    }
    else
    {
        p. X = x1; p. Y = y1;        //否则,返回起始点
    }
    return p;
}
```

可以看到，中点分割算法是用窗口边的外侧空间来判断图形元素是否在窗口内，这与 Cohen 算法使用的编码判断方法不同，Cohen 算法判断方法更严格。窗口有四条边，因而有四种外侧空间，任何图形如果位于任意一种外侧空间，则肯定不在窗口内；反过来，一个图形只有不完全位于四种内侧空间，才位于窗口之内。与每条边外侧空间对应的是内侧空间，窗口区域是位于四种内侧空间的交集中。虽然用外侧空间方法不能直接判断图形元素是否在窗口内，但这种方法简单，容易编程实现。正如本算法所显示的那样，只要精心组织，巧妙应用，同样可以应用在图形与区域的关系判断中。

按 F5 键编译执行，查看编程结果。

4.3 梁友栋-Barsky 裁剪算法

4.3.1 理论分析

梁友栋-Barsky 裁剪算法是对直线段进行窗口裁剪的算法。该算法的特点是将直线段参数化，即用参数方程表示直线段，然后通过线段起点、终点以及可能的裁剪点（即直线段与窗口边的交点）之间的参数变化规律，找到所需要的裁剪点，获取线段裁剪结果。

在算法的具体描述中，涉及起始点的确定，参数方程建立，始边、终边的确定，交点的方程组求解等步骤。如果严格按照步骤实现算法，不仅繁琐，而且难以编程实现。可以发挥程序的优势，例如，交点的求解过程略过，直接用程序语句表示求解公式，同时将一些自定的规则、约定隐含在公式中实现。

梁友栋-Barsky 裁剪算法的操作与前面两种裁剪算法的操作完全一样，在选择裁剪菜单后，立即生成指定窗口。用鼠标左键选两点，确定线段的两个端点。用一种颜色显示线段的位置。线段确定后立即进行裁剪，用另一种颜色标记裁剪结果。

4.3.2 编程实现

打开工程项目，在菜单项"二维裁剪图形"下建立子菜单项"梁友栋算法"，在菜单属性窗口将属性项 Name 的属性值改为"LiangCut"。双击菜单项"梁友栋算法"，系统建立一个空的菜单响应函数 LiangCut_Click。在该函数中加入如下语句：

```
private void LiangCut_Click(object sender, EventArgs e)
{
    MenuID = 23; PressNum = 0;
    Graphics g = CreateGraphics();
    XL = 100; XR = 400; YD = 100; YU = 400;
    pointsgroup[0] = new Point(XL,YD);
    pointsgroup[1] = new Point(XR,YD);
    pointsgroup[2] = new Point(XR,YU);
    pointsgroup[3] = new Point(XL,YU);
    g.DrawPolygon(Pens.Blue, pointsgroup);
```

```
}
```

由于鼠标操作与 Cohen- Sutherland 裁剪算法操作完全一样，可以借助 Cohen 算法的操作语句。具体做法是在 Form1_MouseClick 函数中加入如下语句：

```
if ( MenuID = = 21 | | MenuID = = 22 | | MenuID = = 23 )
{
    if ( PressNum = = 0 )          //保留第一点
    {
        FirstX = e. X; FirstY = e. Y; PressNum++;
    }
    Else                          //第二点,调用裁剪算法
    {
        if( MenuID = = 21 )        //CohenCut 裁剪
            CohenCut1( FirstX, FirstY, e. X, e. Y );
        if( MenuID = = 22 )        //中点裁剪
            MidCut1( FirstX, FirstY, e. X, e. Y );
        if( MenuID = = 23 )        //梁友栋裁剪
            LiangCut1( FirstX, FirstY, e. X, e. Y );
        PressNum = 0;             //清零,为下一次裁剪做准备
    }
}
```

函数 LiangCut1 是实现梁友栋-Barsky 裁剪算法的函数。实现方法如下：

```
private void LiangCut1( int x1, int y1, int x2, int y2 )
{                                  //规定(x1,y1)为起点
    Graphics g = CreateGraphics( );     //创建图形设备
    g. DrawLine( Pens. Red, x1, y1, x2, y2 );
    float tsx, tsy, tex, tey;     //设置两个始边、两个终边对应的 t 参数
    if ( x1 = = x2 )  //垂线

        tsx = 0; tex = 1;  //特殊情况,这样设置,可以使后续工作方式统一

    else if ( x1 < x2 )
    {       // 如果条件满足,X 方向的始边为 XL,终边为 XR,可直接计算对应参数
        tsx = ( float )( XL - x1 ) / ( float )( x2 - x1 );
        tex = ( float )( XR - x1 ) / ( float )( x2 - x1 );
    }
    else
    {       // 如果条件不满足,X 方向的始边为 XR,终边为 XL,可直接计算对应参数
        tsx = ( float )( XR - x1 ) / ( float )( x2 - x1 );
```

```
                tex = (float)(XL - x1) / (float)(x2 - x1);
            }
        if (y1 == y2)    //水平线
            {
            tsy = 0; tey = 1;    //特殊情况,这样设置,可以使后续工作方式统一
            }
        else if (y1 < y2)
            {//条件满足,Y 方向的始边、终边随即确立,可直接计算对应参数
            tsy = (float)(YD - y1) / (float)(y2 - y1);
            tey = (float)(YU - y1) / (float)(y2 - y1);
            }
        else
            {
            tsy = (float)(YU - y1) / (float)(y2 - y1);
            tey = (float)(YD - y1) / (float)(y2 - y1);
            }
        tsx = Math.Max(tsx, tsy);    //系统提供的函数只能比较两个数
        tsx = Math.Max(tsx, 0);      //用两次,从 3 个数中选出最大的
        tex = Math.Min(tex, tey);
        tex = Math.Min(tex, 1);
        if (tsx < tex)    //该条件满足,裁剪结果才有可见部分
            {
            int xx1, yy1, xx2, yy2;
            xx1 = (int)(x1 + (x2 - x1) * tsx);
            yy1 = (int)(y1 + (y2 - y1) * tsx);
            xx2 = (int)(x1 + (x2 - x1) * tex);
            yy2 = (int)(y1 + (y2 - y1) * tex);
            Pen MyPen = new Pen(Color.Yellow, 3);
            g.DrawLine(MyPen, xx1, yy1, xx2, yy2);
            }
    }
```

按 F5 键编译执行,查看编程结果。

4.4 窗口对多边形裁剪

4.4.1 理论分析

多边形裁剪不同于直线裁剪,是用窗口对一个多边形进行裁剪,其结果还是一个多边

形。多边形常用一个记录顶点的数组 group 表示，最终的裁剪结果仍存放在数组中。本节采用 Sutherland-Hodgman 算法对多边形进行裁剪，该算法依次使用窗口四条边对多边形进行裁剪。四条边的裁剪原理相同，只是窗口边参数不同，因此一条窗口边对多边形的裁剪算法是编程实现的重点。一条窗口边对多边形的裁剪实质是去除多边形在外侧空间的图形部分，保留多边形在内侧空间的图形部分。为了使程序结构合理、易读，将边的裁剪部分用一个函数实现。

在选择裁剪菜单后，立即生成裁剪窗口。被裁剪的多边形由鼠标左键依次确定各个顶点，并按鼠标右键结束顶点的确定，同时将第一顶点和最后顶点连接起来以封闭多边形。在多边形确定后，调用裁剪函数对多边形进行裁剪。被裁剪多边形和裁剪结果分别用不同颜色标记，以对比裁剪效果。

4.4.2　编程实现

打开工程项目，在菜单项"二维裁剪图形"下建立子菜单"窗口对多边形的裁剪"，在菜单属性窗口将属性项 Name 的属性值改为"WindowCut"。双击菜单项"窗口对多边形的裁剪"，系统建立一个空的菜单响应函数 WindowCut_Click。在该函数中加入如下语句：

```
private void WindowCut_Click(object sender, EventArgs e)
{
    MenuID = 24; PressNum = 0;
    Graphics g = CreateGraphics();    //创建图形设备
    g.Clear(BackColor1);              //设置背景色
    XL = 100; XR = 400; YD = 100; YU = 400;
    pointsgroup[0] = new Point(XL,YD);
    pointsgroup[1] = new Point(XR,YD);
    pointsgroup[2] = new Point(XR,YU);
    pointsgroup[3] = new Point(XL,YU);
    g.DrawPolygon(Pens.Blue, pointsgroup); //画出裁剪窗口
}
```

由于多边形的确定方法与第 3 章"扫描线填充算法"中的多边形确定方法完全一样，因此可以借用已有程序。在 Form1_MouseClick 函数中加入如下语句：

```
if (MenuID == 24|| MenuID == 31)
{
    Graphics g = CreateGraphics();//创建图形设备
    if (e.Button == MouseButtons.Left)//如果按左键,存顶点
    {
        group[PressNum].X=e.X;
        group[PressNum].Y=e.Y;
        if (PressNum > 0)
        {
```

```
            g. DrawLine(Pens. Red, group[PressNum-1], group[PressNum]);
        }
        PressNum++;
    }
    if (e. Button == MouseButtons. Right)
    {                        //如果按右键,结束顶点采集,开始填充
        g. DrawLine(Pens. Red, group[PressNum-1],group[0]);
        if(MenuID == 31)     //扫描线填充
            ScanLineFill1();
        if(MenuID == 24)     //窗口裁剪
            WindowCut1();
        PressNum = 0;   //清零,为绘制下一个图形做准备
    }
}
```

在 Form1_MouseMove 函数中加入如下语句:

```
if((MenuID==31 || MenuID==24)&&PressNum>0)
{
    if (! (e. X == OldX && e. Y == OldY))
    {
        g. DrawLine(BackPen, group[PressNum-1]. X, group[PressNum-1]. Y, OldX, OldY);
        g. DrawLine(MyPen, group[PressNum-1]. X, group[PressNum-1]. Y, e. X, e. Y);
        OldX = e. X;
        OldY = e. Y;
    }
}
```

函数 WindowCut1 是实现窗口对多边形裁剪算法的函数,实现方法如下:

```
private void WindowCut1()         //多边形和裁剪结果都存放在 group 数组中
{
    group[PressNum] = group[0];   //将第一点复制为数组最后一点
    EdgeClipping(0);         //用第一条窗口边进行裁剪
    EdgeClipping(1);         //用第二条窗口边进行裁剪
    EdgeClipping(2);         //用第三条窗口边进行裁剪
    EdgeClipping(3);         //用第四条窗口边进行裁剪
    Graphics g = CreateGraphics();   //创建图形设备
    Pen MyPen = new Pen(Color. Yellow, 3);
    for (int i = 0; i < PressNum; i++)   //绘制裁剪多边形
```

```
            g. DrawLine(MyPen,group[i],group[i+1]);
    }
```

函数 EdgeClipping 是实现窗口的一条边对多边形裁剪算法的函数，该函数带唯一的参数是用来表明是窗口的哪一条边，实现方法如下：

```
private void EdgeClipping(int linecode)
{
    float x,y;
    int n,i,number1;
    Point[] q=new Point[200];       //创建点数组存放裁剪结果
    number1=0;
    if(linecode==0)                 // x=XL 用窗口左边来裁剪多边形
    {
    for(n=0;n<PressNum;n++)
    {
        if(group[n].X<XL&&group[n+1].X<XL)         //外外,不输出

        if(group[n].X>=XL&&group[n+1].X>=XL)       //内内,输出后点
        {
            q[number1++]=group[n+1];
        }
        if(group[n].X>=XL&&group[n+1].X<XL)        //内外,输出交点
        {
            y= group[n].Y+ (float)(group[n+1].Y-group[n].Y)/(float)(group[n+1].X-group[n].X) * (float)(XL-group[n].X);
            q[number1].X=XL;
            q[number1++].Y=(int)y;
        }
        if(group[n].X<XL&&group[n+1].X>=XL)        //外内,输出交点、后点
        {
            y=group[n].Y+(float)(group[n+1].Y-group[n].Y)/(float)(group[n+1].X-group[n].X) * (float)(XL-group[n].X);
            q[number1].X=XL;
            q[number1++].Y=(int)y;
            q[number1++]=group[n+1];
        }
    }
        for(i=0;i<number1;i++)                      //裁剪结果存入 group 数组
```

```
                }
                group[i]=q[i];
            }
            group[number1]=q[0];
            PressNum=number1;

        if(linecode==1)                        //y=YU   用窗口顶边来裁剪多边形
        {
            for(n=0;n<PressNum;n++)
            {
                if(group[n].Y>=YU&&group[n+1].Y>=YU)  //外外,不输出
                {
                }
                if(group[n].Y<YU&&group[n+1].Y<YU)     //内内,输出后点
                {
                    q[number1++]=group[n+1];
                }
                if(group[n].Y<YU&&group[n+1].Y>=YU)    //内外,输出交点
                {
                    x=group[n].X+(float)(group[n+1].X-group[n].X)/(float)
(group[n+1].Y- group[n].Y) *(float)(YU-group[n].Y);
                    q[number1].X=(int)x;
                    q[number1++].Y=YU;
                }
                if(group[n].Y>=YU&&group[n+1].Y<YU)    //外内,输出交点、后点
                {
                    x=group[n].X+(float)(group[n+1].X-group[n].X)/(float)
(group[n+1].Y-group[n].Y) *(float)(YU-group[n].Y);
                    q[number1].X=(int)x;
                    q[number1++].Y=YU;
                    q[number1++]=group[n+1];
                }
            }
            for(i=0;i<number1;i++)
            {
                group[i]=q[i];
            }
            group[number1]=q[0];
```

```
            PressNum = number1;
    }
if( linecode = = 2)                              //x = XR　用窗口右边来裁剪多边形
    {
        for( n = 0 ; n<PressNum ; n++)
        {
            if( group[ n ] . X>= XR&&group[ n+1 ] . X>= XR)   //外外,不输出
            {
            }
            if( group[ n ] . X<XR&&group[ n+1 ] . X<XR)      //内内,输出后点
            {
                q[ number1++ ] = group[ n+1 ];
            }
            if( group[ n ] . X<XR&&group[ n+1 ] . X>= XR)     //内外,输出交点
            {
                y = group[ n ] . Y+(float)( group[ n+1 ] . Y-group[ n ] . Y)/(float)
( group[ n+1 ] . X-group[ n ] . X) ∗ (float)( XR-group[ n ] . X);
                q[ number1 ] . X = XR;
                q[ number1++ ] . Y = (int) y;
            }
            if( group[ n ] . X>= XR&&group[ n+1 ] . X<XR)     //外内,输出交点、后点
            {
                y = group[ n ] . Y+(float)( group[ n+1 ] . Y-group[ n ] . Y)/(float)
( group[ n+1 ] . X-group[ n ] . X) ∗ (float)( XR-group[ n ] . X);
                q[ number1 ] . X = XR;
                q[ number1++ ] . Y = (int) y;
                q[ number1++ ] = group[ n+1 ];
            }
        }
for( i = 0 ; i<number1 ; i++)
    {
        group[ i ] = q[ i ];
    }
group[ number1 ] = q[ 0 ];
PressNum = number1;
    }
```

```
if(linecode==3)                     // y=YD    用窗口底边来裁剪多边形
{
    for(n=0;n<PressNum;n++)
    {
        if(group[n].Y<YD&&group[n+1].Y<YD)   //外外,不输出

        if(group[n].Y>=YD&&group[n+1].Y>=YD) //内内,输出后点

            q[number1++]=group[n+1];

        if(group[n].Y>=YD&&group[n+1].Y<YD)   //内外,输出交点

            x=group[n].X+(float)(group[n+1].X-group[n].X)/(float)
(group[n+1].Y-group[n].Y)*(float)(YD-group[n].Y);
            q[number1].X=(int)x;
            q[number1++].Y=YD;

        if(group[n].Y<YD&&group[n+1].Y>=YD)   //外内,输出交点、后点

            x=group[n].X+(float)(group[n+1].X-group[n].X)/(float)
(group[n+1].Y-group[n].Y)*(float)(YD-group[n].Y);
            q[number1].X=(int)x;
            q[number1++].Y=YD;
            q[number1++]=group[n+1];
    }
    for(i=0;i<number1;i++)
    {
        group[i]=q[i];
    }
    group[number1]=q[0];
    PressNum=number1;
}
```

按 F5 键编译执行，查看编程结果。

本章作业

1. 按照本章说明，完成 Cohen-Sutherland 裁剪算法。
2. 按照本章说明，完成中点裁剪算法。
3. 按照本章说明，完成梁友栋-Barsky 裁剪算法。
4. 按照本章说明，完成窗口对多边形裁剪算法。

第5章 图形变换

图形变换就是图形的位置发生了某种变化。图形变换就是要计算出图形的新位置坐标，并将图形在新位置上显示出来。这就需要知道图形原来在什么位置，发生了什么变化，采用何种算法能够根据图形原有位置和发生变化的规律快速准确地计算出新位置。

5.1 平移

5.1.1 理论分析

发生平移的图形，其新位置坐标是由原坐标加上平移量而得到，因此平移量是关键。

为了显示平移效果，先在屏幕上显示一个图形，用鼠标左键先后点两点，用这两点的间距作为图形的平移量，对显示的图形进行平移。演示变化的图形是一个矩形，描述该图形的几何数据存放在文档数组 pointsgroup[ ] 中。变换的实际效果是：图形的平移变换改变的是该数组中的数据。

5.1.2 编程实现

打开工程项目，在菜单项"二维图形变换"下添加子菜单项"图形平移"，将其属性项 Name 的属性值改为英文字符"TransMove"，双击菜单项建立菜单响应函数，在系统建立的空的响应函数 TransMove_Click 中加入语句如下：

```
private void TransMove_Click(object sender, EventArgs e)
{
    MenuID = 11; PressNum = 0;
    Graphics g = CreateGraphics();           //创建图形设备
    pointsgroup[0] = new Point(100,100);     //设置变换图形
    pointsgroup[1] = new Point(200,100);
    pointsgroup[2] = new Point(200,200);
    pointsgroup[3] = new Point(100,200);
    g.DrawPolygon(Pens.Red, pointsgroup);    //显示图形
}
```

平移量用鼠标操作确定，即用鼠标先后确定两个点，第二点减去第一点的坐标增量就是平移量，将坐标增量分别加到原图形坐标上，就得到平移以后的图形，显示这个图形，就完成了平移变换。具体做法是在 Form1_MouseClick 函数中加入如下语句：

```
        PressNum++;
        if (PressNum >= 2) PressNum = 0;//画圆完毕,清零,为画下一圆做准备
    }
    if (MenuID == 11)        //平移
    {
        if (PressNum == 0)    //保留
        {
            FirstX = e. X; FirstY = e. Y;
        }
        else                //第二点,确定平移量,改变图形参数
        {
            for (int i = 0; i < 4; i++)
            {
                pointsgroup[i]. X += e. X - FirstX;
                pointsgroup[i]. Y += e. Y - FirstY;
            }
            g. DrawPolygon(Pens. Blue, pointsgroup);
        }
        PressNum++;
        if (PressNum >= 2) PressNum = 0;//完毕,清零,为下一次做准备
    }
```

按 F5 键运行程序，查看效果。

5.2　旋转

5.2.1　理论分析

旋转与平移类似，也是用鼠标先后确定两个点，不过确定的是旋转角度，方法是用第一点指向第二点的向量与水平线的夹角作为旋转角度，旋转中心为(150，150)，如图 5-1 所示。被选转图形为图 5-1 中的实线正方形，旋转中心为其中心点。虚线正方形为旋转后的图形。

这是一个复合变换：首先平移坐标系，将坐标原点平移至(150，150)，然后旋转，最后平移坐标系回到原来位置。变换公式如下：

$$[x' \quad y' \quad 1] = [x \quad y \quad 1] \begin{bmatrix} 1 & 0 & 0 \\ 0 & 1 & 0 \\ -150 & -150 & 1 \end{bmatrix} \begin{bmatrix} \cos\alpha & \sin\alpha & 0 \\ -\sin\alpha & \cos\alpha & 0 \\ 0 & 0 & 1 \end{bmatrix} \begin{bmatrix} 1 & 0 & 0 \\ 0 & 1 & 0 \\ 150 & 150 & 1 \end{bmatrix}$$

$$(5-1)$$

第一个是平移量为(-150，-150)的平移矩阵，第二个是旋转量为 α 的旋转矩阵，第

52

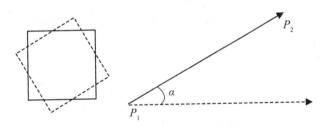

图 5-1 用鼠标确定旋转角度

三个是平移量为(150,150)的平移矩阵。为了减少计算量,先将三个矩阵相乘合并成一个复合矩阵,然后用复合矩阵对图形变换。

5.2.2 编程实现

在菜单项"二维图形变换"下建立子菜单项"图形旋转",将其属性项 Name 的属性值改为英文字符"TransRotate",双击菜单项建立菜单响应函数 TransRotate_Click。在系统建立的空的响应函数中加入语句如下:

```
private void TransRotate_Click(object sender, EventArgs e)
{
    MenuID = 12; PressNum = 0;
    Graphics g = CreateGraphics();            //创建图形设备
    pointsgroup[0] = new Point(100,100);
    pointsgroup[1] = new Point(200,100);
    pointsgroup[2] = new Point(200,200);
    pointsgroup[3] = new Point(100,200);
    g.DrawPolygon(Pens.Red, pointsgroup);    //画出被旋转图形
}
```

在 Form1_MouseClick 函数中加入处理旋转的鼠标操作指令如下:

```
    PressNum++;
    if (PressNum >= 2) PressNum = 0;//完毕,清零,为下一次做准备
}
if (MenuID == 12)            //旋转
{
    if (PressNum == 0)       //保留第一点
    {
        FirstX = e.X; FirstY = e.Y;
    }
    else                     //第二点,确定旋转角度,改变图形参数
    {
```

```
        double a;
        if (e. X == FirstX && e. Y == FirstY)    //排除两点重合的异常情况
            return;
        if (e. X == FirstX && e. Y > FirstY)     //排除分母为零的异常情况
            a = 3. 1415926/2. 0;
        else if(e. X == FirstX && e. Y < FirstY)
            a = 3. 1415926/2. 0 * 3. 0;
        else
            a = Math. Atan((double)(e. Y - FirstY) / (double)(e. X - FirstX));
                                                 //计算旋转弧度
        a=a/3. 1415926 * 180. 0;                 //弧度转化为角度
        int x0 = 150, y0 = 150;                  //指定旋转中心
        Matrix myMatrix = new Matrix();          //创建矩阵对象,以利用矩阵工具
        myMatrix. Translate(-x0, -y0);           //创建平移量为(-x0, -y0)的平移矩阵
        myMatrix. Rotate((float)a, MatrixOrder. Append);    //右乘角度为 a 的旋转
                                                            矩阵
        myMatrix. Translate(x0, y0, MatrixOrder. Append);   //右乘平移量为(x0,
                                                            y0)的平移矩阵
        Graphics g = CreateGraphics();           //创建图形设备
        g. Transform = myMatrix;                 //用复合矩阵变换图形设备
        g. DrawPolygon(Pens. Blue, pointsgroup); //显示旋转结果
    }
    PressNum++;
    if (PressNum >= 2) PressNum = 0;    //完毕,清零,为下一次做准备
}
```

为了能够直接使用系统提供的矩阵设置、计算、处理工具,我们需要引进定义了矩阵工具的命名空间,添加语句如下所示:

```
using System;
using System. Collections. Generic;
using System. ComponentModel;
using System. Data;
using System. Drawing;
using System. Drawing. Drawing2D;
using System. Linq;
using System. Text;
using System. Threading. Tasks;
using System. Windows. Forms;
```

按 F5 键运行程序,查看效果。

5.3 缩放

5.3.1 理论分析

前面两个例子变换参数都是用鼠标操作得到，缩放变换的两个缩放系数当然也可以用鼠标操作确定，但较为麻烦。简单的方法是用对话框确定两个数。本节学习普通对话框的编程方法。C#设置了专用的控件，可以提供很多专用对话框，如打开文件对话框，颜色选择对话框，信息输出对话框等。我们这里所需的对话框没有提供，只能编程实现。

对应缩放变换的操作设计是：点击"图形缩放"变换，系统弹出对话框，在对话框中确定 X、Y 方向上的缩放系数，点击"确定"按键，系统按照指定的系数对指定的图形进行缩放，图形缩放结果以另一种颜色显示出来。

教材上提供的缩放变换矩阵有一个前提：缩放中心位于原点。直接使用缩放矩阵，实用意义不大。常用的是以指定的参考点作为缩放中心，进行图形缩放。本例中，以指定矩形的左下角为基点进行缩放变换，如图 5-2 所示。

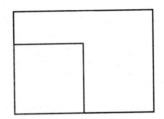

图 5-2 图形边界盒的左下角为缩放中心

这是一个复合变换：首先平移坐标系，将坐标原点平移至(100，100)，然后缩放，最后平移坐标系回到原来位置。变换公式如下：

$$[x' \quad y' \quad 1] = [x \quad y \quad 1] \begin{bmatrix} 1 & 0 & 0 \\ 0 & 1 & 0 \\ -100 & -100 & 1 \end{bmatrix} \begin{bmatrix} sx & 0 & 0 \\ 0 & sy & 0 \\ 0 & 0 & 1 \end{bmatrix} \begin{bmatrix} 1 & 0 & 0 \\ 0 & 1 & 0 \\ 100 & 100 & 1 \end{bmatrix} \quad (5\text{-}2)$$

第一个是平移量为(-100，-100)的平移矩阵，第二个是参数为 sx、sy 的缩放矩阵，第三个是平移量为(100，100)的平移矩阵。为了减少计算量，先将三个矩阵相乘合并成一个复合矩阵，然后用复合矩阵对图形变换。

5.3.2 编程实现

先建立对话框。如图 5-3 所示，右击项目名，在弹出的菜单中鼠标指向"添加"，在弹出的菜单中点击"Windows 窗体(F)..."。

系统弹出添加窗口如图 5-4 所示。在窗口中，依次选择"VisualC#项"、"Windows 窗

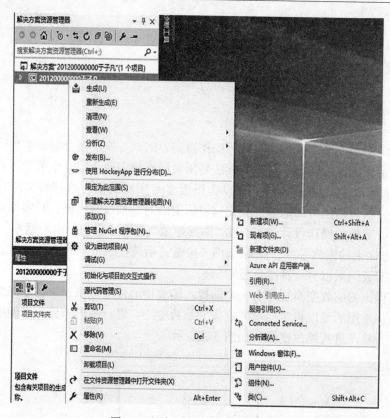

图 5-3　添加对话框具体步骤(1)

体"，此时，"名称"栏目中有"Form2.CS"，它是新建窗口的后台程序文件，该文件名可以修改，我们这里不做修改。点击"添加"按键，一个新的窗体出现，同时 Form2.CS 出现在解决方案栏目中。系统实际上建立了一个类来管理该窗口。

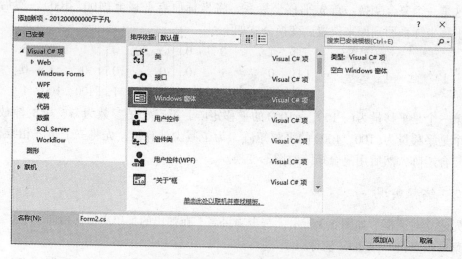

图 5-4　添加对话框具体步骤(2)

点击解决方案栏目中 Form2.CS，打开"Form2.cs 设计"页面，新建窗体出现。选择该窗体，在右下角窗体属性栏中，将 Name 属性值改为"MyForm"，将 Text 属性值设置为"请输入缩放系数"。从工具箱的公共控件类中向该窗体中拖入添加两个"Lable"控件，两个"NumericUpDown"控件，两个"Button"控件。两个"Lable"控件的 Text 属性值分别设置为"X 方向缩放系数:"、"Y 方向缩放系数:"。将两个"NumericUpDown"控件的属性值均做如下修改。DecimalPlaces：1，Increment：0.1，Maximum：10，Minimum：0.1，Value：1。将两个 Button 控件 Text 属性值设置为"确认"和"取消"，确认按键的"DialogResult"属性值设置为"OK"，将取消按键的"DialogResult"属性值设置为"Cancel"。调整各控件的位置，得到结果如图 5-5 所示。

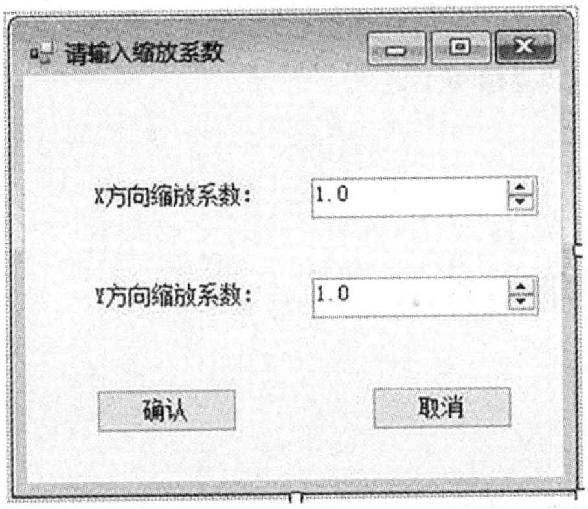

图 5-5　在窗体上设计所需对话框

分别双击窗体中的"确认"、"取消"按键，系统在 Form2.cs 文件中自动建立两个按键响应空函数 button1_Click 和 button2_Click。在"确认"按键的响应函数中添加如下内容，"取消"按键响应函数不添加：

```
public void button1_Click(object sender, EventArgs e)
{
    xscale = (float)numericUpDown1.Value;
    yscale = (float)numericUpDown2.Value;
}
public void button2_Click(object sender, EventArgs e)
{
}
```

xscale 和 yscale 是类内的两个内部变量，用来接收窗口输入系数，但目前还没定义。在类中加入如下语句定义它们。

```
public partial class MyForm : Form
{
    private float xscale, yscale;
```

```
    public MyForm( )
    {
        InitializeComponent( );
    }
```

类中的私有变量要能为外部所用必须设置对应的公有变量，并对公有变量做如下安排：

```
public partial class MyForm : Form
{
    private float xscale, yscale;
    public float Xscale
    {
        get { return this.xscale; }
    }
    public float Yscale
    {
        get { return this.yscale; }
    }
    public MyForm( )
    {
        InitializeComponent( );
    }
```

缩放系数必须设置初值，以避免其为 0。它们的设置可以安排在类的构造函数中完成。

```
public MyForm( )
{
    xscale = (float)1.0; yscale = (float)1.0;
    InitializeComponent( );
}
```

至此，Form2 类设置完毕。

回到 Form1.cs[设计]页面上，在菜单项"二维图形变换"下建立子菜单项"图形缩放"，将其属性项 Name 的属性值改为英文字符"TransScale"，双击菜单项建立菜单响应函数 TransScale_Click。由于本变换不需要鼠标操作,因此只需要加入菜单选择标示和必要的变量,在系统建立的空响应函数中加入语句如下：

```
private void TransScale_Click(object sender, EventArgs e)
{
    MenuID = 13;
    float xs, ys;
    MyForm myf = new MyForm( ); //创建对话框对象
```

```
    if ( myf. ShowDialog( ) = = DialogResult. Cancel)        //打开建立的对话框,接收变换
                                                              //系数
    {
        myf. Close( );    //如果选择的是"取消",则关闭对话框,退出
        return;
    }
    xs = myf. Xscale;
    ys = myf. Yscale;
    myf. Close( );
    Graphics g = CreateGraphics( );                          //创建图形设备
    pointsgroup[ 0 ]=new Point (100,100);                    //画原图形
    pointsgroup[ 1 ]=new Point (200,100);
    pointsgroup[ 2 ]=new Point (200,200);
    pointsgroup[ 3 ]=new Point (100,200);
    g. DrawPolygon(Pens. Red, pointsgroup);                  //原图形存在于图形设备 g 中
    Matrix myMatrix = new Matrix( );                         //建立矩阵变量,为计算复合矩阵做准备
    myMatrix. Translate(-100, -100);                         //根据缩放中心,建立平移矩阵
    myMatrix. Scale(xs, ys, MatrixOrder. Append);            //右乘缩放矩阵
    myMatrix. Translate(100, 100, MatrixOrder. Append);      //右乘平移矩阵
    g. Transform = myMatrix;                                 //用得到的复合矩阵对图形进行变换
    g. DrawPolygon(Pens. Blue, pointsgroup);                 //画变换后的图形
}
```

这段程序首先打开所建立的对话框,接收输入系数。对话框只有"确认"和"取消"两个选择,如果在对话框中选择了"确认",就接受变换系数;如果在对话框中选择了"取消",就关闭对话框,退出图形缩放。然后显示原图形,根据式(5-2)建立复合矩阵,用复合矩阵对原图形进行变换并显示。

按 F5 键,运行程序,查看效果。

5.4 对称变换

5.4.1 理论分析

系统显示原图形,用鼠标确定两个点,根据两个点确定对称变换基线,系统计算出变换后的图形,并显示(见图 5-6)。

这是一个复合变换:平移坐标系,将坐标原点平移至鼠标确定的第一个点(x_1, y_1);将坐标系逆时针旋转 α 角,使 X 轴与基线重合;以 X 轴为基准进行对称变换;将坐标系逆时针旋转 $-\alpha$ 角;将坐标原点平移,平移量为$(-x_1, -y_1)$。变换公式如下:

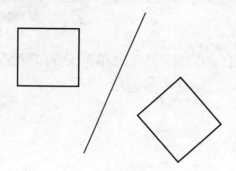

图 5-6　对称变换操作示意图

$$[x'\ \ y'\ \ 1]$$

$$= [x\ \ y\ \ 1]\begin{bmatrix} 1 & 0 & 0 \\ 0 & 1 & 0 \\ -x_1 & -y_1 & 1 \end{bmatrix}\begin{bmatrix} \cos\alpha & -\sin\alpha & 0 \\ \sin\alpha & \cos\alpha & 0 \\ 0 & 0 & 1 \end{bmatrix}\begin{bmatrix} 1 & 0 & 0 \\ 0 & -1 & 0 \\ 0 & 0 & 1 \end{bmatrix}\begin{bmatrix} \cos\alpha & \sin\alpha & 0 \\ -\sin\alpha & \cos\alpha & 0 \\ 0 & 0 & 1 \end{bmatrix}\begin{bmatrix} 1 & 0 & 0 \\ 0 & 1 & 0 \\ x_1 & y_1 & 1 \end{bmatrix}$$

$$(5-3)$$

　　第一个是平移量为 $(-x_1, -y_1)$ 的平移矩阵，第二个是参数为 $-\alpha$ 的旋转矩阵，第三个是以 X 轴为对称轴的对称变换矩阵，第四个是参数为 α 的旋转矩阵，第五个是平移量为 (x_1, y_1) 的平移矩阵。为了减少计算量，将它们合并成一个复合矩阵，然后用复合矩阵对图形变换。旋转角 α 的确定如图 5-7 所示：

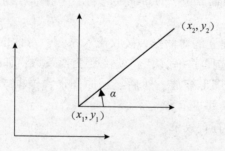

图 5-7　旋转角 α 确定方法

　　由图 5-7 可以看到，当 $x_2 \neq x_1$ 时，$\alpha = \arctan\dfrac{y_2-y_1}{x_2-x_1}$；当 $x_2 = x_1$ 时，$\alpha = \pi/2$。

5.4.2　编程实现

　　在菜单项"二维图形变换"下建立子菜单项"对称变换"，将其属性项 Name 的属性值改为英文字符"TransSymmetry"，双击菜单项建立菜单响应函数 TransSymmetry_Click，在该函数中加入语句如下：

private void TransSymmetry_Click(object sender，EventArgs e)

```
{
    MenuID = 14; PressNum = 0;
    Graphics g = CreateGraphics();//创建图形设备
    pointsgroup[0] = new Point(100,100);
    pointsgroup[1] = new Point(200,100);
    pointsgroup[2] = new Point(200,200);
    pointsgroup[3] = new Point(100,200);
    g.DrawPolygon(Pens.Red, pointsgroup);
}
```

在 Form1_MouseClick 函数中加入如下语句：

```
    PressNum++;
    if (PressNum >= 2) PressNum = 0;//完毕,清零,为下一次做准备
}
```

```
if (MenuID == 14)      //对称变换
{
    if (PressNum == 0)   //保留第一点
    {
        FirstX = e.X; FirstY = e.Y;
    }
    else      //第二点
    {
        Graphics g = CreateGraphics();
        g.DrawLine(Pens.CadetBlue, FirstX,FirstY,e.X,e.Y); //画对称变换基线
        TransSymmetry1(FirstX,FirstY,e.X,e.Y);
    }
    PressNum++;
    if (PressNum >= 2) PressNum = 0;          //完毕,清零,为下一次做准备
}
```

函数 TransSymmetry1 就是实现算法的载体。算法的实现步骤就是将式(5-3)所列的 5 个矩阵相乘，得到复合矩阵，然后用复合矩阵对图形变换，并显示变换图形。由于系统不能直接提供对称变换矩阵，因此我们需要学习如何用系统提供的基本功能，自己计算，创建该矩阵。我们知道，这里涉及的二维矩阵都是仿射变换矩阵，最后一列都是 $(0,0,1)^T$，因此，创建矩阵只需要给出前面 6 个有效参数。在 TransSymmetry_Click 函数后面添加函数 TransSymmetry1 函数实现语句，如下所示：

```
private void TransSymmetry1(int x1,int y1,int x2,int y2)
{
    if (x1 == x2 && y1 == y2)      //排除两点重合的情况
        return;
```

61

```
        double angle;
    if ( x1 = = x2 && y1 < y2 )        //特殊角
        angle = 3.1415926 / 2.0;
    else if ( x1 = = x2 && y1 > y2 )        //特殊角
            angle = 3.1415926 / 2.0 * 3.0;
        else
            angle = Math.Atan( ( double ) ( y2 - y1 ) / ( double ) ( x2 - x1 ) );
    angle = angle * 180.0 / 3.1415926;    //将弧度转化为角度
    Matrix myMatrix = new Matrix( );        //建立矩阵变量,为复合矩阵计算做准备
    myMatrix.Translate( -x1, -y1 );            //根据缩放中心,建立平移矩阵
    myMatrix.Rotate( -( float ) angle, MatrixOrder.Append );      //右乘旋转矩阵
    Matrix MyM1 = new Matrix( 1,0,0,-1,0,0 );            //创建对称变换矩阵
    myMatrix.Multiply( MyM1, MatrixOrder.Append );    //右乘对称变换矩阵
    myMatrix.Rotate( ( float ) angle, MatrixOrder.Append );    //右乘旋转矩阵
    myMatrix.Translate( x1, y1, MatrixOrder.Append );    //右乘平移矩阵
    Graphics g = CreateGraphics( );                //创建图形设备
    g.Transform = myMatrix;                //用得到的复合矩阵对图形进行变换?
    g.DrawPolygon( Pens.Blue, pointsgroup );    //画变换后的图形?
}
```

按 F5 键,运行程序,查看效果。

5.5 错切变换

5.5.1 理论分析

错切变换又称为剪切变换,其实质是图形沿基轴(与依赖轴垂直)方向发生位移,位移量与图形与基轴的距离成正比,比例系数可以通过对话框确定。演示错切变换的过程是,显示原图形,用鼠标确定两个点以确定基轴的方向和位置,确定基轴的方向为第一点指向第二点。以及程序中固定的比例系数,由系统计算出变换后的图形,并显示。如图 5-8 所示。

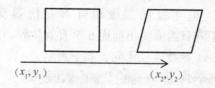

(x_1, y_1) (x_2, y_2)

图 5-8 错切变换示意图

这是一个复合变换：平移坐标系，将坐标原点平移至鼠标确定的第一个点(x_1, y_1)；将坐标系逆时针旋转α角，使X轴与基轴重合；以X轴为基轴(Y轴为依赖轴)进行错切变换；将坐标系逆时针旋转$-\alpha$角；将坐标原点平移，平移量为$(-x_1, -y_1)$。变换公式如下：

$$
\begin{bmatrix} x' & y' & 1 \end{bmatrix}
= \begin{bmatrix} x & y & 1 \end{bmatrix}
\begin{bmatrix} 1 & 0 & 0 \\ 0 & 1 & 0 \\ -x_1 & -y_1 & 1 \end{bmatrix}
\begin{bmatrix} \cos\alpha & -\sin\alpha & 0 \\ \sin\alpha & \cos\alpha & 0 \\ 0 & 0 & 1 \end{bmatrix}
\begin{bmatrix} 1 & 0 & 0 \\ s & 1 & 0 \\ 0 & 0 & 1 \end{bmatrix}
\begin{bmatrix} \cos\alpha & \sin\alpha & 0 \\ -\sin\alpha & \cos\alpha & 0 \\ 0 & 0 & 1 \end{bmatrix}
\begin{bmatrix} 1 & 0 & 0 \\ 0 & 1 & 0 \\ x_1 & y_1 & 1 \end{bmatrix}
$$

$$(5\text{-}4)$$

第一个是平移量为$(-x_1, -y_1)$的平移矩阵，第二个是参数为$-\alpha$的旋转矩阵，第三个是以Y轴为依赖轴的错切变换矩阵，第四个是参数为α的旋转矩阵，第五个是平移量为(x_1, y_1)的平移矩阵。为了减少计算量，将它们合并成一个复合矩阵，然后用复合矩阵对图形进行变换。

5.5.2 编程实现

在菜单项"二维图形变换"下建立子菜单项"错切变换"，将其属性项 Name 的属性值改为英文字符"TransShear"，双击菜单项建立菜单响应函数 TransShear_Click，在系统建立的空的响应函数中加入语句如下：

```
private void TransShear_Click(object sender, EventArgs e)
{
    MenuID = 15; PressNum = 0;
    Graphics g = CreateGraphics();      //创建图形设备
    pointsgroup[0] = new Point(100, 100);
    pointsgroup[1] = new Point(200, 100);
    pointsgroup[2] = new Point(200, 200);
    pointsgroup[3] = new Point(100, 200);
    g.DrawPolygon(Pens.Red, pointsgroup);
}
```

就鼠标操作而言，这里所设计的错切变换操作动作与前面的对称变换操作完全一样，因此，可以借助于对称变换的框架完成错切变换。在 Form1_MouseClick 函数中加入如下语句：

```
    PressNum++;
    if (PressNum >= 2) PressNum = 0;   //完毕,清零,为下一次做准备
}
if (MenuID == 14 || MenuID == 15)    //对称变换和错切变换
{
    if (PressNum == 0)   //保留
    {
```

```
        FirstX = e. X; FirstY = e. Y;
    }
    else   //第二点
    {
        Graphics g = CreateGraphics( );
        g. DrawLine(Pens. CadetBlue, FirstX, FirstY, e. X, e. Y);   //画变换基线
        if(MenuID = = 14)
            TransSymmetry1(FirstX, FirstY, e. X, e. Y);
        if(MenuID = = 15)
            TransShear1(FirstX, FirstY, e. X, e. Y);
    }
    PressNum++;
    if (PressNum >= 2) PressNum = 0;   //完毕,清零,为下一次做准备
}
```

函数 TransShear1 就是实现算法的载体。算法的实现步骤就是将式(5-4)所列的 5 个矩阵相乘, 得到复合矩阵, 然后用复合矩阵对图形变换, 并显示变换图形。函数的实现如下所示:

```
private void TransShear1(int x1, int y1, int x2, int y2)
{
    if (x1 = = x2 && y1 = = y2)     //排除两点重合的情况
        return;
    double angle;
    if (x1 = = x2 && y1 < y2)       //90°特殊角
        angle = 3. 1415926 / 2. 0;
    else if (x1 = = x2 && y1 > y2)   //270°特殊角
            angle = 3. 1415926 / 2. 0 * 3. 0;
        else
            angle = Math. Atan((double)(y2 - y1) / (double)(x2 - x1));
    angle = angle * 180. 0 / 3. 1415926;   //将弧度转化为角度
    Matrix myMatrix = new Matrix( );       //建立矩阵变量,为复合矩阵计算做准备
    myMatrix. Translate(-x1, -y1);         //根据第一点,建立平移矩阵
    myMatrix. Rotate(-(float)angle, MatrixOrder. Append);   //右乘旋转矩阵
    myMatrix. Shear((float)1. 0, 0, MatrixOrder. Append);    //右乘错切变换矩阵
    myMatrix. Rotate((float) angle, MatrixOrder. Append);   //右乘旋转矩阵
    myMatrix. Translate(x1, y1, MatrixOrder. Append);       //右乘平移矩阵
    Graphics g = CreateGraphics( );         //创建图形设备
    g. Transform = myMatrix;                //用得到的复合矩阵对图形进行变换
    g. DrawPolygon(Pens. Blue, pointsgroup);   //画变换后的图形
```

系统提供的错切变换矩阵函数为：Shear(float shearX, float shearY, int MatrixOrder)，有两个变换参数，只有当其中一个参数为 0 时，此方法中应用的变换才是纯切变。当 shearY 因子为 0 时，应用于原始矩形的变换将下边缘水平移动矩形高度的 shearX 倍。当 shearX 因子为 0 时，会将右边缘垂直移动矩形宽度的 shearY 倍。请注意两个参数均不为零时这种情况，结果很难预料。例如，如果两个因子均为 1，则变换非常特殊（因此不可逆），将整个平面挤压成一条直线。在本例中，参数 shearX = 1，shearY = 0。

按 F5 键，运行程序，操作，查看效果。需要注意的是，本程序采用的是缺省的屏幕坐标系，其原点在左上角，且 Y 轴的方向向下。

本章作业

1. 按照本章说明，完成平移变换。
2. 按照本章说明，完成旋转变换。
3. 按照本章说明，完成缩放变换。
4. 按照本章说明，完成对称变换。
5. 按照本章说明，完成错切变换。

第6章　平　面　投　影

我们可以在平面上画出具有立体效果的图形。如图6-1所示是一个立方体 $ABCDA'B'$ $C'D'$ 和一个三维坐标系，立方体的顶点 A 位于坐标系原点，立方体的3个面分别位于坐标平面 XOY（即 $ABCD$ 在 $Z=0$ 平面）、YOZ（即 $A'B'BA$ 在 $X=0$ 平面）、ZOX（即 $A'ADD'$ 在 $Y=0$ 平面）上。因为所画的立体图形存在于平面（纸面）上，所以 A、B、C、D、A'、B'、C'、D' 八个点均在一个平面上。我们看到的立体图形就是投影的结果，三维图形的投影就是在二维投影坐标系中确定三维空间点的投影位置，再将空间点的连接线画出即可。

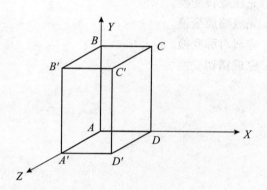

图6-1　平面上呈现的立体图

根据投影面的不同，有平面投影、柱面投影和球面投影，这里只涉及平面投影。根据投影方式的不同，可以分为平行投影和透视投影。

6.1　平行投影

6.1.1　理论分析

影响平行投影结果的因素有投影方向、投影平面位置以及模型位置。将投影平面固定为 $z=0$ 平面，设投影方向为 (x_d, y_d, z_d)，空间点坐标为 (x, y, z)，投影点坐标为 (x_p, y_p)，则可以写出以下关系式：

$$x_p = x - \frac{x_d}{z_d}z, \quad y_p = y - \frac{y_d}{z_d}z \tag{6-1}$$

据此公式就可以计算出三维物体每一个空间点的投影点。为了显示不同投影方向对投影结果的影响，采用一个输入对话框，手工输入投影方向向量。这里设该向量的起点位于坐标系原点(0，0，0)，在窗口中只要输入另一个空间点(x, y, z)作为向量的终点。投影方向的选择需要有一个限制，以保证投影结果显示在系统窗口中，这可以通过对窗口数据输入控件的属性值进行限制来实现。在缩放变换中，我们曾经手工创建了一个窗口Form2作为对话框，其实任何窗口以及窗口里的控件都可以用程序来实现。在本例中，我们可以学习如何用编程方法实现一个窗口对话框。

为了显示投影效果，先建立一个 $100 \times 100 \times 100$ 的正方体作为三维数据模型，用 $ABCDA'B'C'D'$ 表示。将该模型坐标数据存放于一个结构数组中，用一个对话框输入投影方向向量，用式(6-1)将其投影到 $z=0$ 平面，并显示。

6.1.2 编程实现

打开工程项目，选择菜单项"投影"，添加"平行投影"子项，将其属性项 Name 的属性值改为英文字符"ParalleProjection"，双击菜单项建立菜单响应函数 ParalleProjection_Click，在系统建立的空的响应函数中加入语句如下：

```
private void ParalleProjection_Click(object sender, EventArgs e)
{
    MenuID = 41;
    Projection1();
}
```

建立一个三维点数组用于存放三维投影模型，为此在 Form1 类中添加三维点结构数组变量，如下：

```
Point[] group = new Point[100];        //创建一个能放 100 个点的点数组
Point[] pointsgroup = new Point[4];     //创建一个有 4 个点的点数组
Point3D[] modegroup = new Point3D[8];   //创建一个有 8 个点的三维点数组
```

为了能够使用 Point3D 数据类型，必须使用 System.Windows.Forms.DataVisualization.Charting 命名空间，因此需要添加如下语句：

```
using System;
using System.Collections.Generic;
using System.ComponentModel;
using System.Data;
using System.Drawing;
using System.Drawing.Drawing2D;
using System.Linq;
using System.Text;
using System.Windows.Forms;
using System.Windows.Forms.DataVisualization.Charting;
namespace _201200000000 于子凡
{
```

还需要添加该命名空间的引用，方法如下：鼠标右击"解决方案管理器"窗口中的"引用"项，在弹出菜单中点击"添加引用(F)…"，如图 6-2 所示。

图 6-2　添加 3D 图形命名空间引用

在打开的"添加引用"窗口中点击".NET"页面，选择"System. Windows. Forms. DataVisualization"项，点击"确定"按键，如图 6-3 所示。

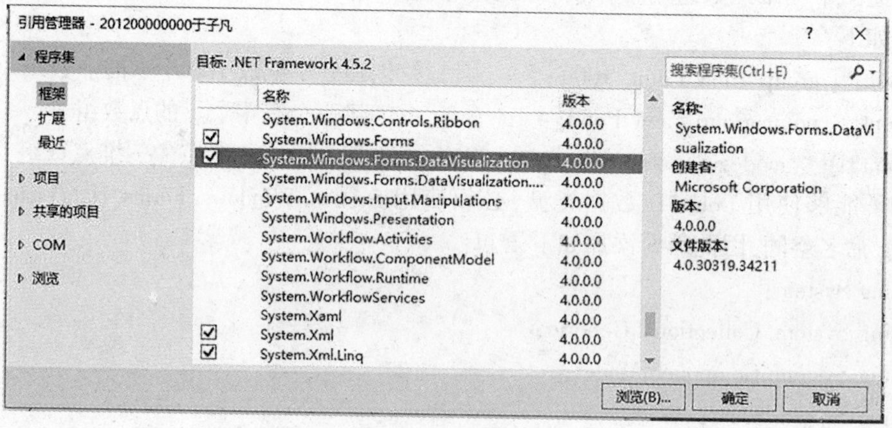

图 6-3　添加 3D 图形命名空间引用

可以看到，新的引用添加进项目，相关错误提示也消失，说明新加入的命名空间已经可以正常使用。

Projection1 函数是完成平行投影的实体。在该函数中，首先建立用于投影的三维模型，然后通过输入框输入平行投影方向向量，第三运用公式(6-1)计算每一个模型点的投影点，最后将这些投影点依据其链接关系画线连起来，完成投影工作。建立 Projection1 函数如下：

```
private void Projection1()
{    //模型数据存入数组,完成模型建立
    modegroup[0] = new Point3D(100, 100, 100);//A
    modegroup[1] = new Point3D(200, 100, 100);//B
    modegroup[2] = new Point3D(200, 200, 100);//C
    modegroup[3] = new Point3D(100, 200, 100);//D
    modegroup[4] = new Point3D(100, 100, 200);//A′
    modegroup[5] = new Point3D(200, 100, 200);//B′
    modegroup[6] = new Point3D(200, 200, 200);//C′
    modegroup[7] = new Point3D(100, 200, 200);//D′
    Point3D vp=new Point3D(50,30,500);      //建立方向向量变量
    vp = InputProjectionDirection();        //通过对话框输入投影方向参数
    for(int i=0;i<8;i++)
        group[i] = ParallelP(vp, modegroup[i]);   //对三维模型点进行投影计算
    //按照模型拓扑关系联接投影点
    Graphics g = CreateGraphics();
    g.DrawLine(Pens.Red,group[0],group[1]);
    g.DrawLine(Pens.Red,group[1],group[2]);
    g.DrawLine(Pens.Red,group[2],group[3]);
    g.DrawLine(Pens.Red,group[3],group[0]);
    g.DrawLine(Pens.Red,group[4],group[5]);
    g.DrawLine(Pens.Red,group[5],group[6]);
    g.DrawLine(Pens.Red,group[6],group[7]);
    g.DrawLine(Pens.Red,group[7],group[4]);
    g.DrawLine(Pens.Red,group[0],group[4]);
    g.DrawLine(Pens.Red,group[1],group[5]);
    g.DrawLine(Pens.Red,group[2],group[6]);
    g.DrawLine(Pens.Red,group[3],group[7]);
}
```

函数 InputProjectionDirection 用于建立一个窗口对话框,接收用户输入的投影方向向量,并将该向量反馈给一个三维空间点变量。它需要实现的对话框如图 6-4 所示。

函数的实现方法如下:

```
private Point3D InputProjectionDirection()
{
    Form MyInputForm = new Form();   //创建窗口
    Label label1 = new Label();      //创建 Label 控件
    Label label2 = new Label();
    Label label3 = new Label();
```

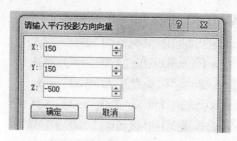

图 6-4　需要用程序实现的对话框

```
label1. Text = "X:";              //设置 Label 控件属性
label2. Text = "Y:";
label3. Text = "Z:";
label1. Location = new Point(10, 10);//对 Label 控件进行定位
label2. Location = new Point(10, 40);
label3. Location = new Point(10, 70);


NumericUpDown numeric1 = new NumericUpDown();//创建数据控件
NumericUpDown numeric2 = new NumericUpDown();
NumericUpDown numeric3 = new NumericUpDown();
numeric1. Minimum = 0; numeric1. Maximum = 500;// 设置数据控件属性
numeric1. Increment = 10; numeric1. Value = 150;
numeric2. Minimum = 0; numeric2. Maximum = 500;
numeric2. Increment = 10; numeric2. Value = 150;
numeric3. Minimum = -800; numeric3. Maximum = -300;
numeric3. Increment = 10; numeric3. Value = -500;
numeric1. Location = new Point(30, 10); //对数据控件进行定位
numeric2. Location = new Point(30, 40);
numeric3. Location = new Point(30, 70);


Button button1 = new Button();          //创建按键控件
Button button2 = new Button();
button1. Text = "确定";                  //设置按键控件属性
button1. DialogResult = DialogResult. OK;
button2. Text = "取消";
button2. DialogResult = DialogResult. Cancel;
button1. Location = new Point(10, 100);   //对按键控件进行定位
button2. Location = new Point(button1. Width+20, 100);
```

```
        MyInputForm. Text = "请输入透视投影方向向量";   //设置窗口属性
        MyInputForm. HelpButton = true;
        MyInputForm. FormBorderStyle = FormBorderStyle. FixedDialog;
        MyInputForm. MaximizeBox = false;
        MyInputForm. MinimizeBox = false;
        MyInputForm. AcceptButton = button1;
        MyInputForm. CancelButton = button2;
        MyInputForm. StartPosition = FormStartPosition. CenterScreen;
        MyInputForm. Controls. Add(label1);                //向窗口添加控件
        MyInputForm. Controls. Add(label2);
        MyInputForm. Controls. Add(label3);
        MyInputForm. Controls. Add(numeric1);
        MyInputForm. Controls. Add(numeric2);
        MyInputForm. Controls. Add(numeric3);
        MyInputForm. Controls. Add(button1);
        MyInputForm. Controls. Add(button2);
        Point3D vp = new Point3D(150,150,-500);   //设置变量,用于接收窗口输入值
        if (MyInputForm. ShowDialog() = = DialogResult. Cancel)   //打开窗口
        {   //如果选择的是"取消",则关闭对话框,退出
            MyInputForm. Close();
            return vp;
        }
        vp = new Point3D((float)numeric1. Value,(float)numeric2. Value,(float)
numeric3. Value);
        MyInputForm. Close();
        return vp;
}
```

ParallelP 函数完成一个空间点的平行投影,实现函数如下:

```
private Point ParallelP(Point3D ViewP, Point3D ModeP)
{
    Point p;
    int x, y;
    x = (int)(ModeP. X - ViewP. X/ViewP. Z * ModeP. Z+0. 5);
    y = (int)(ModeP. Y - ViewP. Y/ViewP. Z * ModeP. Z+0. 5);
    p = new Point(x,y);
    return p;
}
```

按 F5 键运行程序，查看效果。

6.2 透视投影

6.2.1 理论分析

影响透视投影结果的因素有投影中心位置、投影平面位置以及模型位置。将投影平面固定为 $z=0$ 平面，设投影中心位置为 (x_c, y_c, z_c)，空间点坐标为 (x, y, z)，投影点坐标为 (x_p, y_p)，则可以写出以下关系式：

$$x_p = x_c + (x - x_c)\frac{z_c}{z_c - z}, \quad y_p = y_c + (y - y_c)\frac{z_c}{z_c - z} \tag{6-2}$$

据此公式就可以计算出投影点。与平行投影类似，透视投影效果受到投影中心位置 (x_c, y_c, z_c) 的影响。为了体现这种影响，用对话输入框由用户手工输入投影中心位置。该对话框与平行投影中使用的对话框十分类似，功能都是输入一个空间点，因此可以共用一段程序实现。

为了显示投影效果，先建立一个 $100 \times 100 \times 100$ 的正方体作为三维数据模型，用 $ABCDA'B'C'D'$ 表示。将该模型坐标数据存放于一个结构数组中。用对话框输入投影中心，用公式 (6-2) 将其投影到 $z=0$ 平面，并显示。

6.2.2 编程实现

打开工程项目，在菜单项"平行投影"下建立子菜单项"透视投影"，将其属性项 Name 的属性值改为英文字符"PerspectiveProjection"，双击菜单项建立菜单响应函数 PerspectiveProjection_Click，在系统建立的空的响应函数中加入如下语句：

```
private void PerspectiveProjection_Click(object sender, EventArgs e)
{
    MenuID = 42;
    Projection1();
}
```

在 Projection1 函数中加入如下语句：

```
private void Projection1()
{   //模型数据存入数组
    modegroup[0] = new Point3D(100, 100, 100);//A
    modegroup[1] = new Point3D(200, 100, 100);//B
    modegroup[2] = new Point3D(200, 200, 100);//C
    modegroup[3] = new Point3D(100, 200, 100);//D
    modegroup[4] = new Point3D(100, 100, 200);//A'
    modegroup[5] = new Point3D(200, 100, 200);//B'
    modegroup[6] = new Point3D(200, 200, 200);//C'
    modegroup[7] = new Point3D(100, 200, 200);//D'
```

```
Point3D vp＝new Point3D(50,30,500);
if( MenuID ＝＝ 41||MenuID ＝＝ 42)
    vp ＝ InputProjectionDirection( );   //设置投影方向或视点
for (int i ＝ 0; i ＜ 8; i++)//每个空间点逐投影
{
    if( MenuID＝＝41)
        group[i] ＝ ParallelP(vp, modegroup[i]);
    if (MenuID ＝＝ 42)
        group[i] ＝ PerspectiveP(vp, modegroup[i]);
}
    //按照模型拓扑关系连接投影点
Graphics g ＝ CreateGraphics( );
g. DrawLine(Pens. Red,group[0],group[1]);
g. DrawLine(Pens. Red,group[1],group[2]);
g. DrawLine(Pens. Red,group[2],group[3]);
g. DrawLine(Pens. Red,group[3],group[0]);
g. DrawLine(Pens. Red,group[4],group[5]);
g. DrawLine(Pens. Red,group[5],group[6]);
g. DrawLine(Pens. Red,group[6],group[7]);
g. DrawLine(Pens. Red,group[7],group[4]);
g. DrawLine(Pens. Red,group[0],group[4]);
g. DrawLine(Pens. Red,group[1],group[5]);
g. DrawLine(Pens. Red,group[2],group[6]);
g. DrawLine(Pens. Red,group[3],group[7]);
}
```

透视投影中心输入对话框可以共用平行投影方向输入对话框,但内容有所区别,如图6-5 所示。对话框之间内容上的差别可以用程序语句实现。

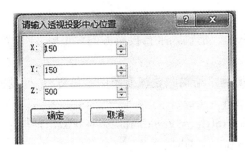

图 6-5　需要用程序实现的对话框

函数 InputProjectionDirection( ) 必须做如下修改, 以便根据透视投影与平行投影的差异修改某些控件属性:

```
numeric1. Minimum = 0; numeric1. Maximum = 500;// 设置控件属性
numeric1. Increment = 10; numeric1. Value = 150;
numeric2. Minimum = 0; numeric2. Maximum = 500;
numeric2. Increment = 10; numeric2. Value = 150;
if ( MenuID = = 41)
{       //为了保证视线方向向下,平行投影中 Z 值必须为负数
    numeric3. Minimum = -800; numeric3. Maximum = -300;
    numeric3. Increment = 10; numeric3. Value = -500;
}
else
{       //为了保证视线方向向下,透视投影中 Z 值必须为高于立方体的正数
    numeric3. Minimum = 300; numeric3. Maximum = 800;
    numeric3. Increment = 10; numeric3. Value = 500;
}
numeric1. Location = new Point(130, 10);
numeric2. Location = new Point(130, 40);
numeric3. Location = new Point(130, 70);


Button button1 = new Button( );//创建窗口控件
Button button2 = new Button( );
button1. Text = "确定";//设置控件属性
button1. DialogResult = DialogResult. OK;
button1. Location = new Point(10, 100);
button2. Text = "取消";
button2. DialogResult = DialogResult. Cancel;
button2. Location = new Point(button1. Width+20, 100);


if( MenuID = = 41)
    MyInputForm. Text ="请输入平行投影方向向量";//设置平行投影窗口标题
else
    MyInputForm. Text = "请输入透视投影中心位置";//设置透视投影窗口标题
MyInputForm. HelpButton = true;
MyInputForm. FormBorderStyle = FormBorderStyle. FixedDialog;
MyInputForm. MaximizeBox = false;
MyInputForm. MinimizeBox = false;
MyInputForm. AcceptButton = button1;
```

MyInputForm. CancelButton = button2;

PerspectiveP 函数完成一个空间点的透视投影,实现函数如下:

```
private Point PerspectiveP ( Point3D ViewP, Point3D ModeP )
{
    Point p;
    int x, y;
    x = (int)( ViewP. X + ( ModeP. X − ViewP. X ) ∗ ViewP. Z / ( ViewP. Z − ModeP. Z )+0.5);
    y = (int)( ViewP. Y + ( ModeP. Y − ViewP. Y ) ∗ ViewP. Z / ( ViewP. Z − ModeP. Z )+0.5);
    p = new Point(x,y);
    return p;
}
```

按 F5 键运行程序,输入不同投影中心位置,查看效果。

6.3 简单投影

6.3.1 理论分析

在图 6-1 中,A 和 A'两个投影点所对应的空间点(分别是$(0,0,0)$和$(0,0,h)$)只在 Z 坐标上存在差异,正是这种差异造成了它们的投影点在投影平面上的差异。同样的情况也存在于 B 和 B'、C 和 C'、D 和 D'之间。仅考虑 Z 坐标的大小对投影造成的影响,也能画出具有立体效果的投影图,图 6-1 就是一例。它是一种将投影方向固化了的平行投影,姑且称这种方式为简单投影。简单投影可以简单快速地显示三维空间物体,但只能用在仅观察立体效果、对真实性要求不高的场合。简单投影往往用在以最简便的方法追求投影立体效果,因此,简单投影的投影面一般是以 $Z=0$ 为投影平面、XOY 坐标系为投影平面的二维投影坐标系。

观察图 6-1 可以发现,位于 $Z=0$ 投影平面上的空间点,其投影位置仅由空间点的 X、Y 坐标确定,即去掉 Z 坐标就得到投影结果;对于 Z 坐标不等于 0 的空间点,其投影点位置相对于二维点(X,Y)有一个位置偏移。由于简单投影真实性要求不高,这两个偏移比例可以按照实际情况估计着给出。因此,一个坐标为(X,Y,Z)的空间点在 XOY 平面上的简单投影坐标可以用如下公式计算:

$$X'=X-K_x \cdot Z, \quad Y'=Y-K_y \cdot Z \tag{6-3}$$

式中,K_x 和 K_y 分别是两个预先设置的比例系数。对比式(6-1)与式(6-3),可以看到简单投影就是一种投影方向固化了的平行投影。

为了显示投影效果,先建立一个 $100\times100\times100$ 的正方体作为三维数据模型,用

75

$ABCDA'B'C'D'$ 表示。空间正方体 $ABCD$ 的坐标分别为（100，100，100）、（100，200，100）、（200，200，100）、（200，100，100），$A'B'C'D'$ 的坐标分别为（100，100，200）、（100，200，200）、（200，200，200）、（200，100，200），用简单投影方法将其投影到 $Z=0$ 平面，并显示。

6.3.2　编程实现

打开工程项目，选择菜单项"投影"，添加"简单投影"子项，将其属性项 Name 的属性值改为英文字符"SimpleProjection"。双击菜单项建立菜单响应函数 SimpleProjection_Click，在系统建立的空的响应函数中加入如下语句：

```
private void SimpleProjection_Click(object sender, EventArgs e)
{
    MenuID = 43;
    Projection1();
}
```

在 Projection1 函数，增加简单投影内容如下所示：

```
for(int i=0;i<8;i++)
{
    if (MenuID == 41)
      group[i] = ParallelP(vp, modegroup[i]);      //平行投影计算
    if (MenuID == 42)
        group[i] = PerspectiveP(vp, modegroup[i]);  //透视投影计算
    if (MenuID == 43)
        group[i] = SimpleP(modegroup[i]);            //简单投影计算
}
```

SimpleP 函数完成简单投影计算，具体内容如下：

```
private Point SimpleP(Point3D p3d)
{
    Point p;
    float kx, ky;
    kx = (float)0.4; ky = (float)0.3;   //设定的影响因子
    p = new Point((int)(p3d.X - kx * p3d.Z + 0.5), (int)(p3d.Y - ky * p3d.Z + 0.5));
    return p;
}
```

按 F5 键运行程序，查看效果。还可以返回函数 SimpleP，修改 k_x、k_y 因子数值，查看不同的效果。

6.4 场景漫游

6.4.1 理论分析

场景漫游就是一部照相机在观察坐标系下的一点透视，显示图形就是照相机在场景中的不同位置（观察坐标系原点）以不同观测方向（观察坐标系 Z 轴）观测时，三维场景在投影平面（观察坐标系中的 $Z=D$ 平面）上的一点透视结果。计算过程是先确定观测坐标系的方位，然后将三维场景由世界坐标系变换到观察坐标系中，最后在观察坐标系中对场景进行一点透视投影。

下面的实验中，场景用四个排列有序的长方体表示。观察坐标系原点用世界坐标系中的空间点 (X_c, Y_c, Z_c) 表示，它也是透视投影中心（视点）；观测方向用向量表示，该向量用 (X_d, Y_d, Z_d) 表示，它也是观察坐标系的 Z' 轴方向。为了简便，我们假设观察坐标系的 $Y'O'Z'$ 平面总是垂直于水平面（即世界坐标系的 $Z=0$ 平面），由于 Y' 轴和 Z' 轴总是位于 $Y'O'Z'$ 平面内，且 Y' 轴和 Z' 轴相互垂直，再假设 Y' 轴与世界坐标系 Z 轴的夹角小于 $90°$（即假设照相机没有头朝下放置）。当 Z' 轴方向确定后，Y' 轴方向也随之确定。X' 与 Y' 轴和 Z' 轴垂直，且观察坐标系是一个左手法则坐标系，因此 X' 轴方向也随之确定。在上述假设条件下，根据用户输入的参数 (X_c, Y_c, Z_c) 和 (X_d, Y_d, Z_d) 就可以确定观察坐标系方位（见图 6-6）和观察坐标系与世界坐标系之间的变换矩阵，将三维场景从世界坐标系变换到观察坐标系中。

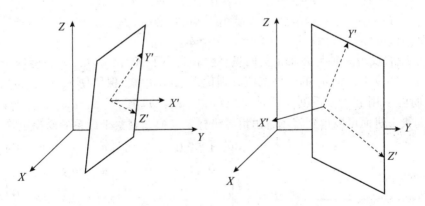

图 6-6 $Y'O'Z'$ 平面总是垂直于 $Z=0$ 水平面

设 X'、Y'、Z' 轴的单位向量分别为 (a_{11}, a_{12}, a_{13})、(a_{21}, a_{22}, a_{23})、(a_{31}, a_{32}, a_{33})。将 Z' 轴的向量 (X_d, Y_d, Z_d) 归一化，得到其单位向量：

$$(a_{31}, a_{32}, a_{33}) = \frac{(X_d, Y_d, Z_d)}{\sqrt{X_d^2 + Y_d^2 + Z_d^2}} \tag{6-4}$$

X' 轴垂直于 $Y'O'Z'$ 平面，也就垂直于 Z 轴，所以

$$a_{13} = 0 \tag{6-5}$$

$$a_{11}^2 + a_{12}^2 = 1 \tag{6-6}$$

因为 X' 轴垂直于 Z' 轴，它们的单位向量内积为 0，所以

$$a_{11} \cdot a_{31} + a_{12} \cdot a_{32} = 0 \tag{6-7}$$

在一个表示坐标轴方向的向量 (a_1, a_2, a_3) 中，有两个分量全为零的现象经常出现。事实上，只要该坐标轴方向与世界坐标系三个坐标轴中的任一个轴平行，该坐标轴在世界坐标系中另两个坐标轴的投影为零，两个分量为零的情况就出现了。零参数的出现会给我们求解其他坐标方向参数带来麻烦，因为我们要避免零参数出现在分母中的情况出现。在表示 Z' 轴的单位向量 (a_{31}, a_{32}, a_{33}) 中，如果 a_{31}、a_{32} 均为零，则表示观察坐标系中的 Z' 轴与世界坐标系中的 Z 轴平行，由于 Z' 轴表示观测方向，这种情况表明在场景中抬头看天或低头看地。这在场景漫游中是极少出现的，为了简化参数计算，我们再假设 a_{31}、a_{32} 不会同时为零，这样由式(6-6)和式(6-7)可得：

$$a_{12} = \pm \sqrt{\frac{a_{31}^2}{a_{31}^2 + a_{32}^2}} \tag{6-8}$$

$$a_{11} = \mp \sqrt{\frac{a_{32}^2}{a_{31}^2 + a_{32}^2}} \tag{6-9}$$

目前，a_{12} 有正负两种取值，究竟取哪一个，最终由 Y' 方向决定。观察坐标系是一个左手螺旋坐标系，即 (a_{21}, a_{22}, a_{23}) 是 (a_{11}, a_{12}, a_{13}) 与 (a_{31}, a_{32}, a_{33}) 的向量积。由向量积的计算规则得到：

$$a_{21} = a_{12} \cdot a_{33} - a_{13} \cdot a_{32} = a_{12} \cdot a_{33} \tag{6-10}$$

$$a_{22} = a_{13} \cdot a_{31} - a_{11} \cdot a_{33} = -a_{11} \cdot a_{33} \tag{6-11}$$

$$a_{23} = a_{11} \cdot a_{32} - a_{12} \cdot a_{31} \tag{6-12}$$

由于已经假设了 Y' 轴与 Z 轴上的向量夹角总是小于 90°，所以，a_{12} 只能取一个使 $a_{23} > 0$ 的值。程序实现中，将 a_{12} 的两种取值分别代入式(6-12)，保留使 $a_{23} > 0$ 的 a_{12} 值。a_{12} 确定后，我们可以用上述一系列公式计算出 (a_{11}, a_{12}, a_{13})、(a_{21}, a_{22}, a_{23}) 与 (a_{31}, a_{32}, a_{33}) 三个向量，进而可以得到将场景由世界坐标系变换到观察坐标系的变换矩阵：

$$[x' \quad y' \quad z' \quad 1] = [x \quad y \quad z \quad 1] \begin{bmatrix} 1 & 0 & 0 & 0 \\ 0 & 1 & 0 & 0 \\ 0 & 0 & 1 & 0 \\ -x_c & -y_c & -z_c & 1 \end{bmatrix} \begin{bmatrix} a_{11} & a_{21} & a_{31} & 0 \\ a_{12} & a_{22} & a_{32} & 0 \\ a_{13} & a_{23} & a_{33} & 0 \\ 0 & 0 & 0 & 1 \end{bmatrix} \tag{6-13}$$

展开可得：

$$x' = a_{11}(x - x_c) + a_{12}(y - y_c) + a_{13}(z - z_c) \tag{6-14}$$

$$y' = a_{21}(x - x_c) + a_{22}(y - y_c) + a_{23}(z - z_c) \tag{6-15}$$

$$z' = a_{31}(x - x_c) + a_{32}(y - y_c) + a_{33}(z - z_c) \tag{6-16}$$

观察坐标系中的一点透视投影点可以由下列公式计算：

$$x_p = d \cdot \frac{x'}{z'}, \quad y_p = d \cdot \frac{y'}{z'} \tag{6-17}$$

其中，d 为投影平面 $Z=d$ 参数。按照模型的拓扑关系，将各个投影点连接起来，可以得到投影结果。

如图 6-7 所示，场景中有四个规则放置的长方体。为了体现出场景漫游的特点，人工输入两个空间点和一个观测方向；在两个空间点构成的空间直线上，由系统等距离内插若干个空间点；以这些空间点和观测方向，依次进行投影和显示。用户需要的操作是，选取"场景漫游"菜单项，分别输入两个空间点和一个观测方向。

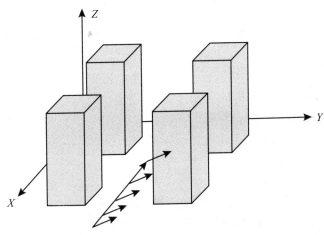

图 6-7　场景漫游路径与观测方向

6.4.2　编程实现

打开工程项目，选择菜单项"投影"，添加子菜单项目"场景漫游"，将其属性项 Name 的属性值改为英文字符"SceneProjection"。双击菜单项，系统建立 SceneProjection_Click 菜单响应空函数，在其中加入语句如下：

```
private void SceneProjection_Click( object sender, EventArgs e)
{
    MenuID = 44;
    Projection2( );
}
```

Projection2 函数将完成场景漫游所需的所有工作，包括：

（1）建立场景中的三维模型。场景中的四个长方体各有 8 个顶点，依次存储在三维点结构数组中。因为结构很简单，各点的连接关系明确，因此此处没有考虑各点间的拓扑结构关系。实际上，场景的数据模型既要保持模型几何精确性，又要保存拓扑连接关系以及各种属性值，还要尽可能减小数据冗余性，是三维场景中的一个难点，有关问题由《空间数据库》等专业课程解决。

（2）确定场景漫游路径和观察方向。一点透视需要对观测点和观察方向进行确定。由于模拟场景很小，有关参数的取值稍有不慎，在投影面上就看不到任何物体。为了体现场景漫游的特点，我们设置了一个漫游路径，在路径上的不同观察点依次进行投影和显示。路径的设置方法：采用对话框输入路径起点、终点方法，确定一条空间直线，在该直线上内插出若干个观察点；观察方向也采用对话框输入一个空间向量的方法，如图 6-5 所示。为了得到合适的投影结果，对输入参数范围进行了限定。

（3）根据观测点位置和观测方向完成观察坐标系中的一点透视投影，并显现投影结果。

只要依次取出每一个模型顶点进行投影，按照各点之间的拓扑关系将投影点连接起来，就能得到投影结果。

在场景中有四个立方体模型需要存放，因此需要将存放模型数组 modegroup 的存放点数扩大为 40，修改如下：

Point[ ] group = new Point[100];　　　//创建一个能放 100 个点的点数组
Point[ ] pointsgroup = new Point[4];　　//创建一个有 4 个点的点数组
Point3D[ ] modegroup = new Point3D[40];　//创建一个有 8 个点的三维点数组
Projection2 函数具体内容如下所示：

```
private void Projection2( )
{  //模型数据存入数组
    modegroup[0] = new Point3D(100, 100, 0);//A
    modegroup[1] = new Point3D(200, 100, 0);//B
    modegroup[2] = new Point3D(200, 200, 0);//C
    modegroup[3] = new Point3D(100, 200, 0);//D
    modegroup[4] = new Point3D(100, 100, 200);//A'
    modegroup[5] = new Point3D(200, 100, 200);//B'
    modegroup[6] = new Point3D(200, 200, 200);//C'
    modegroup[7] = new Point3D(100, 200, 200);//D'

    modegroup[8] = new Point3D(300, 100, 0);//A
    modegroup[9] = new Point3D(400, 100, 0);//B
    modegroup[10] = new Point3D(400, 200, 0);//C
    modegroup[11] = new Point3D(300, 200, 0);//D
    modegroup[12] = new Point3D(300, 100, 200);//A'
    modegroup[13] = new Point3D(400, 100, 200);//B'
    modegroup[14] = new Point3D(400, 200, 200);//C'
    modegroup[15] = new Point3D(300, 200, 200);//D'

    modegroup[16] = new Point3D(100, 300, 0);//A
    modegroup[17] = new Point3D(200, 300, 0);//B
    modegroup[18] = new Point3D(200, 400, 0);//C
    modegroup[19] = new Point3D(100, 400, 0);//D
```

```
modegroup[20] = new Point3D(100, 300, 200);//A′
modegroup[21] = new Point3D(200, 300, 200);//B′
modegroup[22] = new Point3D(200, 400, 200);//C′
modegroup[23] = new Point3D(100, 400, 200);//D′

modegroup[24] = new Point3D(300, 300, 0);//A
modegroup[25] = new Point3D(400, 300, 0);//B
modegroup[26] = new Point3D(400, 400, 0);//C
modegroup[27] = new Point3D(300, 400, 0);//D
modegroup[28] = new Point3D(300, 300, 200);//A′
modegroup[29] = new Point3D(400, 300, 200);//B′
modegroup[30] = new Point3D(400, 400, 200);//C′
modegroup[31] = new Point3D(300, 400, 200);//D′

Point3D vp1 = new Point3D(800, 250, 0);//初始漫游起点
Point3D vp2 = new Point3D(400, 250, 0);//初始漫游终点
Point3D vp3 = new Point3D(-800, 0, 20);//初始观测方向
Point3D vp = new Point3D(800,250, 0);//初始当前观测点
vp1 = InputProjectionDirection2(1);//设置漫游起点
vp2 = InputProjectionDirection2(2);//设置漫游终点
vp3 = InputProjectionDirection2(3);//设置观测方向
double steps=100;                    //分100步完成漫游
for (double j = 0; j <steps; j++)
    {
    vp.X = (int)((1.0 - j/steps) * vp1.X + j/ steps * vp2.X);
    vp.Y = (int)((1.0 - j/steps) * vp1.Y + j/ steps * vp2.Y);
    vp.Z = (int)((1.0 - j/steps) * vp1.Z + j/ steps * vp2.Z);
    for (int i = 0; i < 32; i++)//每个空间点逐一投影
        {
        group[i] = ScenceP(vp,vp3, modegroup[i]);
        }
    //按照模型拓扑关系连接投影点
    Graphics g = CreateGraphics();//创建图形设备
    g.Clear(Color.LightGray);
    g.DrawLine(Pens.Red, group[0], group[1]);
    g.DrawLine(Pens.Red, group[1], group[2]);
    g.DrawLine(Pens.Red, group[2], group[3]);
    g.DrawLine(Pens.Red, group[3], group[0]);
```

```
g. DrawLine(Pens. Red, group[4], group[5]);
g. DrawLine(Pens. Red, group[5], group[6]);
g. DrawLine(Pens. Red, group[6], group[7]);
g. DrawLine(Pens. Red, group[7], group[4]);
g. DrawLine(Pens. Red, group[0], group[4]);
g. DrawLine(Pens. Red, group[1], group[5]);
g. DrawLine(Pens. Red, group[2], group[6]);
g. DrawLine(Pens. Red, group[3], group[7]);

g. DrawLine(Pens. Green, group[8], group[9]);
g. DrawLine(Pens. Green, group[9], group[10]);
g. DrawLine(Pens. Green, group[10], group[11]);
g. DrawLine(Pens. Green, group[11], group[8]);
g. DrawLine(Pens. Green, group[12], group[13]);
g. DrawLine(Pens. Green, group[13], group[14]);
g. DrawLine(Pens. Green, group[14], group[15]);
g. DrawLine(Pens. Green, group[15], group[12]);
g. DrawLine(Pens. Green, group[8], group[12]);
g. DrawLine(Pens. Green, group[9], group[13]);
g. DrawLine(Pens. Green, group[10], group[14]);
g. DrawLine(Pens. Green, group[11], group[15]);

g. DrawLine(Pens. Blue, group[16], group[17]);
g. DrawLine(Pens. Blue, group[17], group[18]);
g. DrawLine(Pens. Blue, group[18], group[19]);
g. DrawLine(Pens. Blue, group[19], group[16]);
g. DrawLine(Pens. Blue, group[20], group[21]);
g. DrawLine(Pens. Blue, group[21], group[22]);
g. DrawLine(Pens. Blue, group[22], group[23]);
g. DrawLine(Pens. Blue, group[23], group[20]);
g. DrawLine(Pens. Blue, group[16], group[20]);
g. DrawLine(Pens. Blue, group[17], group[21]);
g. DrawLine(Pens. Blue, group[18], group[22]);
g. DrawLine(Pens. Blue, group[19], group[23]);

g. DrawLine(Pens. Black, group[24], group[25]);
g. DrawLine(Pens. Black, group[25], group[26]);
g. DrawLine(Pens. Black, group[26], group[27]);
```

```
            g. DrawLine(Pens. Black, group[27], group[24]);
            g. DrawLine(Pens. Black, group[28], group[29]);
            g. DrawLine(Pens. Black, group[29], group[30]);
            g. DrawLine(Pens. Black, group[30], group[31]);
            g. DrawLine(Pens. Black, group[31], group[28]);
            g. DrawLine(Pens. Black, group[24], group[28]);
            g. DrawLine(Pens. Black, group[25], group[29]);
            g. DrawLine(Pens. Black, group[26], group[30]);
            g. DrawLine(Pens. Black, group[27], group[31]);

        System. Threading. Thread. Sleep(30);//暂停30微秒,观看投影结果
    }
}
```

函数 InputProjectionDirection2 是一个生成对话框并输入、接收参数的函数。由于需要输入的起点、终点和观测向量都是一个空间点的形式,因此三个对话框可以合并为一个,并设置一个整形参数 mode 来区分三种不同的参数,如下所示:

```
private Point3D InputProjectionDirection2(int mode)
{
    Form MyInputForm = new Form();//创建窗口
    Label label1 = new Label();//创建窗口控件
    Label label2 = new Label();
    Label label3 = new Label();
    label1. Text = "X:";//设置控件属性
    label2. Text = "Y:";
    label3. Text = "Z:";
    label1. Location = new Point(10, 10);
    label2. Location = new Point(10, 40);
    label3. Location = new Point(10, 70);
    NumericUpDown numeric1 = new NumericUpDown();//创建窗口控件
    NumericUpDown numeric2 = new NumericUpDown();
    NumericUpDown numeric3 = new NumericUpDown();
    Point3D vp = new Point3D(150, 150, -500);//设置变量,用于接收窗口输入值
    if (mode == 1)//"漫游起点"限制参数输入
    {
        numeric1. Minimum = 600; numeric1. Maximum = 800;
        numeric1. Increment = 10; numeric1. Value = 800;
        numeric2. Minimum = 210; numeric2. Maximum = 290;
        numeric2. Increment = 5; numeric2. Value = 250;
```

```
            numeric3. Minimum = 0; numeric3. Maximum = 500;
            numeric3. Increment = 10; numeric3. Value = 0;
        }
    if (mode == 2)//"漫游终点"限制参数输入
        {
            numeric1. Minimum = 400; numeric1. Maximum = 500;
            numeric1. Increment = 10; numeric1. Value = 400;
            numeric2. Minimum = 210; numeric2. Maximum = 290;
            numeric2. Increment = 5; numeric2. Value = 250;
            numeric3. Minimum = 0; numeric3. Maximum = 500;
            numeric3. Increment = 10; numeric3. Value = 0;
        }
    if (mode == 3)//"观测方向"限制参数输入
        {
            numeric1. Minimum = -900; numeric1. Maximum = -800;
            numeric1. Increment = 5; numeric1. Value = -800;
            numeric2. Minimum = -50; numeric2. Maximum = 50;
            numeric2. Increment = 10; numeric2. Value = 0;
            numeric3. Minimum = -100; numeric3. Maximum = 100;
            numeric3. Increment = 10; numeric3. Value = 20;
        }
    numeric1. Location = new Point(30, 10);
    numeric2. Location = new Point(30, 40);
    numeric3. Location = new Point(30, 70);
    Button button1 = new Button();//创建窗口控件
    Button button2 = new Button();
    button1. Text = "确定";//设置控件属性
    button1. DialogResult = DialogResult. OK;
    button1. Location = new Point(10, 100);
    button2. Text = "取消";
    button2. DialogResult = DialogResult. Cancel;
    button2. Location = new Point(button1. Width + 20, 100);
    if (mode == 1)
        MyInputForm. Text = "请输入漫游起点";//设置窗口属性
    if (mode == 2)
        MyInputForm. Text = "请输入漫游终点";//设置窗口属性
    if (mode == 3)
        MyInputForm. Text = "请输入观测方向";//设置窗口属性
```

84

```
        MyInputForm. HelpButton = true;
        MyInputForm. FormBorderStyle = FormBorderStyle. FixedDialog;
        MyInputForm. MaximizeBox = false;
        MyInputForm. MinimizeBox = false;
        MyInputForm. AcceptButton = button1;
        MyInputForm. CancelButton = button2;
        MyInputForm. StartPosition = FormStartPosition. CenterScreen;
        MyInputForm. Controls. Add(numeric1);//向窗口添加控件 t
        MyInputForm. Controls. Add(numeric2);
        MyInputForm. Controls. Add(numeric3);
        MyInputForm. Controls. Add(label1);
        MyInputForm. Controls. Add(label2);
        MyInputForm. Controls. Add(label3);
        MyInputForm. Controls. Add(button1);
        MyInputForm. Controls. Add(button2);
        vp = new Point3D((float)numeric1. Value, (float)numeric2. Value, (float)
numeric3. Value);
        if (MyInputForm. ShowDialog() = = DialogResult. Cancel)//打开窗口
        {                          //如果选择的是"取消"则关闭对话框,退出
            MyInputForm. Close();
            return vp;
        }
        vp = new Point3D((float)numeric1. Value, (float)numeric2. Value, (float)
numeric3. Value);
        MyInputForm. Close();
        return vp;
    }
```

函数 ScenceP( )则是根据观测位置和观测方向对一个空间点进行一点透视投影变换。其实现如下:

```
private Point ScenceP(Point3D ViewP, Point3D DirP ,Point3D ModeP)
{
    double a11, a12, a13, a21, a22, a23, a31, a32, a33;
    a11 = Math. Sqrt(DirP. X * DirP. X + DirP. Y * DirP. Y + DirP. Z * DirP. Z);
    a31 = DirP. X / a11; a32 = DirP. Y / a11;a33 = DirP. Z / a11;//确定 Z'坐标轴
    a12 = Math. Sqrt(a31 * a31/(a31 * a31+a32 * a32));//确定 X'坐标轴
    a11 = -Math. Sqrt(a32 * a32/(a31 * a31+a32 * a32));
    a13 = 0;
    a23 = a11 * a32 - a12 * a31;
```

```
    if (a23 < 0)//根据 a23,确定 a12,a11 的符号
    {
        a23 = -a23; a12 = -a12; a11 = -a11;
    }
    a21 = a12 * a33;//确定 Y'坐标轴
    a22 = -a11 * a33;
    Point p;
    double z,x,y;
    z=a31 * (ModeP. X - ViewP. X)+a32 * (ModeP. Y - ViewP. Y)+a33 * (ModeP. Z -
ViewP. Z);
    //显示位置有所调整,以便于观察
    x = (100.0 * (a11 * (ModeP. X - ViewP. X)+a12 * (ModeP. Y - ViewP. Y))/z)+300;
    y = -(100.0 * (a21 * (ModeP. X - ViewP. X)+a22 * (ModeP. Y - ViewP. Y)+a23
* (ModeP. Z - ViewP. Z))/z) +500;        //倒置 Y'坐标。因为显示坐标原点在左上角,致
                            //使场景倒置
    p = new Point((int)x,(int)y);
    return p;
}
```

运行程序,查看效果。

本章作业

1. 按照本章说明,完成平行投影变换。
2. 按照本章说明,完成透视投影变换。
3. 按照本章说明,完成简单投影变换。
4. 按照本章说明,完成场景漫游。

第7章 消　隐

7.1　地形显示 1

7.1.1　理论分析

地形起伏数据常用 DEM 形式给出。DEM 数据是一个规则排列的二维数组，它对应了一块所表示的地面范围，整个范围划分成大小相等的一系列矩形（通常是正方形）区域。区域对应的地面实际面积越小，DEM 分辨率越高。数组中的每个数据的下标都对应地形区域中的 X、Y 坐标表示的一个区域，数据本身表示该区域的平均高程。

地形表示的一种方法是将每个 DEM 数据用一个表示其高度 Z 的柱状长方体，长方体的放置位置对应于 DEM 数据所在的位置 (X, Y)。当所有的数据都这样表示以后，从这些柱状体的顶面组合就可以看出地面的起伏状况，如图 7-1 所示。为了表现出正确的遮挡关系以达到消隐的目的，应该采用先远后近的次序依次绘制这些柱状体。

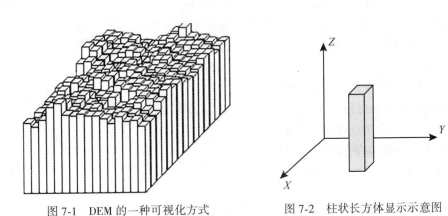

图 7-1　DEM 的一种可视化方式　　　　图 7-2　柱状长方体显示示意图

绘制每一个 DEM 数据所代表的柱状长方体是这种地形显示方法的关键。如图 7-2 所示，为了显示出地形的起伏，投影平面选取 YOZ 平面。我们可以这样理解：对于简单投影而言，空间点 (X, Y, Z) 在 YOZ 平面上投影的基准点就是保留 (Y, Z)，空间点 (X, Y, Z) 距离投影面的深度值为 X。在投影柱状长方体时，显示投影方式采用上一章所述的简单投影方法。它对投影点 (Y', Z') 位置的影响用下式表示：

$$Y' = Y - K_y \cdot X, \quad Z' = Z - K_z \cdot X \tag{7-1}$$

在 DEM 数据下标$(i, j, 0)$的投影点(Y', Z')处绘制一个垂直的、高度为$X(i, j)$的柱状体。按照由远到近的次序绘制好所有柱状体，地形就绘制完毕。

操作过程设计为如下步骤：(1)读入 DEM 数据，这需要准备一个二维数组存放数据；(2)按照由远到近的次序依次从数组中读出数据，计算投影点位置，在计算的位置上绘制柱状体。

7.1.2 编程实现

打开工程项目，选择菜单项"消隐"，添加"地形显示 1"子项，将其属性项 Name 的属性值改为英文字符"Terrain1"，双击菜单项建立菜单响应函数 Terrain1_Click，在系统建立的空的响应函数中加入语句如下：

```
private void Terrain1_Click(object sender, EventArgs e)
{
    MenuID = 51;
    Terrain11();
}
```

为了简化编程，DEM 数据规定为一个 200×200 的 ASCII 码数据文件，文件名为 DEM.DAT，存放于 C 盘根目录下。建立函数 Terrain11，如下所示：

```
private void Terrain11()
{
    int[,] DEM = new int[200,200];      //建立二维数组存放 DEM 数据
    DEM = ReadDEM();          //读入高程数据
    int size = 3;                  //柱状体的底面积设置为 size * size
    double ky = 0.4, kz = 0.3;   //深度值对投影位置的影响比例系数
    Graphics g = CreateGraphics();   //创建图形设备
    g.Clear(Color.LightGray);   //清空绘图区
    int dy = (int)(ky * size+0.5);   //深度值对投影位置的影响值
    int dz = (int)(kz * size+0.5);
    for (int i = 0; i < 200; i++)
        for (int j = 0; j < 200; j++)
        {
            int y = (int)(j * size - i * size * ky);      //Ky=0.4,Kz=0.3
            int z = (int)(-i * size * kz);    //柱状体基点为空间点(i,j,0)的投影点
            DrawPixel(g,dy,dz,size,y,z,DEM[i,j]);   //画高程值 DEM[i,j]对应
                                              //的柱状体
        }
}
```

函数 ReadDEM 将硬盘中的 DEM 数据文件读入，其实现方法如下：

```
private int[,] ReadDEM()
```

```
    }
        int[,] D=new int[200,200];//建立数组存放 DEM 数据
        FileStream fs = new FileStream("c:\\DEM.dat", FileMode.Open,
FileAccess.Read);
        BinaryReader r = new BinaryReader(fs);
        for (int i = 0; i < 200; i++)
            for (int j = 0; j < 200; j++)
                D[i, j] = r.ReadByte();
        return D;
    }
```

该函数根据文件数据以二进制格式存取且大小为 200×200 等已知信息，直接运用流方式实现，是一种简化的方法。大多数的实际数据文件都有一个文件首部描述文件的组织信息，一般需要先读出首部信息，然后根据首部信息生成数据存放结构变量，确定读数据方法。该函数运用的流方式中的数据类型、方法等属于系统提供的 System.IO 命名空间，因此需要事先说明命名空间，方法是在程序的顶端加入以下语句：

```
using System;
using System.IO;
using System.Collections.Generic;
using System.ComponentModel;
using System.Data;
using System.Drawing;
using System.Drawing.Drawing2D;
using System.Linq;
using System.Text;
using System.Windows.Forms;
using System.Web.UI.DataVisualization.Charting;
```

函数 DrawPixel 绘制高程值 DEM[i, j] 对应的柱状体。由于程序所使用的 System.Drawing.Drawing2D 命名空间没有提供直接绘制三维柱状体的方法，该函数用绘制 3 个填充四边形的方法来实现，如图 7-3 所示。

实现方法如下：

```
private void DrawPixel(Graphics g, int dx, int dy, int size, int x, int y, int z)
    {
        x = x + 400;                    //X、Y 方向适当偏移,以调整场景显示位置
        y = -y + 400;                   //y 方向需要颠倒
        Point[] pts = new Point[4];
        pts[0].X = x - dx;
        pts[0].Y = y + dy;              //y 方向增量也需要颠倒,即 y-dy 变成 y+dy
        pts[1].X = x - dx;
```

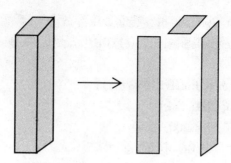

图 7-3　一个柱状体是通过绘制 3 个可见面的投影来完成

```
        pts[1].Y = y + dy−z;
        pts[2].X = x − dx+size;
        pts[2].Y = y + dy−z;
        pts[3].X = x − dx+size;
        pts[3].Y = y + dy;
        g.FillPolygon(Brushes.White, pts);
        g.DrawPolygon(Pens.Black,pts);
        pts[0].X = x;
        pts[0].Y = y−z;
        pts[1].X = x − dx;
        pts[1].Y = y + dy−z;
        pts[2].X = x − dx+size;
        pts[2].Y = y + dy−z;
        pts[3].X = x +size;
        pts[3].Y = y −z;
        g.FillPolygon(Brushes.White, pts);
        g.DrawPolygon(Pens.Black,pts);
        pts[0].X = x +size;
        pts[0].Y = y;
        pts[1].X = x;
        pts[1].Y = y −z;
        pts[2].X = x − dx+size;
        pts[2].Y = y + dy−z;
        pts[3].X = x − dx+size;
        pts[3].Y = y + dy;
        g.FillPolygon(Brushes.White, pts);
        g.DrawPolygon(Pens.Black,pts);
    }
```

运行程序，查看效果。还可以通过改变 Terrain11 函数中的 k_y、k_z 参数来看不同的立体效果。

7.2　地形显示 2

7.2.1　理论分析

地形显示 2 采用"曲面隐藏线的消除"算法根据 DEM 进行地形绘制。将每一个 DEM 数据看成一个空间点 (i, j, z)，其中 i、j 是 DEM 数据在数组中的下标，Z 是 DEM 数据。曲面隐藏线消除算法是分别以行、列为单位，将每个行(列)的空间点用折线连接起来，构建一条空间曲线。因此，整个地形曲面是由若干条行曲线和列曲线交织构成。将这些行、列空间曲线投影到投影平面，并绘制出来，就形成了最终的地形显示结果。为了形成正确的遮挡关系，采用从前行(列)到后行(列)的次序依次绘制空间曲线；后行(列)的空间曲线只有投影结果的高度超过前行(列)已绘制曲线而没有被阻挡的部分才得到绘制。由于行曲线会遮挡列曲线，列曲线也会遮挡行曲线，在实际绘制过程中采用行列交替的方式进行，目的是保证当前绘制的空间曲线在所有还没有绘制的空间曲线中处在最前面。

投影方式可以采用透视、平行投影中的任何一种方式，在这里我们仍然采用简单投影方法。观察方向与 DEM 数组的关系如图 7-4 所示，也就是行(列)数大的行(列)排在前面。投影平面选取 YOZ 平面，如图 7-2 所示，那么每个空间点的 X 坐标(也就是行，在 DEM 中对应下标 j)成为距离投影面的深度值，它对投影点 (Y', Z') 位置的影响仍可由式 (7-1) 表示。

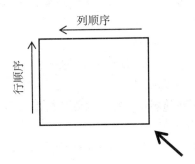

图 7-4　根据观察方向决定行列显示顺序

设置两个一维数组分别记录已绘制曲线投影点 (Y', Z') 的高度值 Y' 的最大值和最小值，只有超出已有的最大值、最小值的投影曲线部分才得以绘制，同时更新最大、最小值。为了方便高度值的比较，两个数组记录的是对应于投影平面中 Z' 轴整数值对应的 Y' 值。按照由远到近的次序绘制好所有行、列对应的空间曲线，地形就绘制完毕。

本部分的操作方式设计如下：(1)点击菜单项"地形显示 2"，系统将 DEM 数据读入一个二维数组存放数据；(2)按照由远到近的次序依次从数组中读出行、列数据；(3)计算投影点位置，将投影点依次连接，得到空间曲线。

7.2.2 编程实现

打开工程项目，选择菜单项"消隐"，添加"地形显示 2"子项，将其属性项 Name 的属性值改为英文字符"Terrain2"，双击菜单项建立菜单响应函数 Terrain2_Click，在系统建立的空的响应函数中加入语句如下：

```
private void Terrain2_Click(object sender, EventArgs e)
{
    MenuID = 52;
    Terrain21();
}
```

Terrain21 就是实现曲面隐藏线消隐的函数。使用的地形数据和读地形数据的函数与"地形显示 1"完全一样。由于绘制的是地形，只设置了一个高程记录器，只有高于记录器的地形曲线才能得到绘制。按照图 7-4 所示的观察方向，采用从右到左、从下到上的次序从 DEM 数组中读取并绘制 DEM 行列地形曲线。函数的最后还将可见的模型行列边框绘制出来。具体函数及解释如下：

```
private void Terrain21()
{
    int[,] DEM = new int[200,200];        //建立二维数组存放 DEM 数据
    DEM = ReadDEM();                      //读入高程数据
    int size = 3;                          //相邻两像素点的距离
    double[] A = new double[1280];        //存储最大值,假设显示器水平分辨率不超
                                          //过 1280
    for (int i = 0; i < 1280; i++)
        A[i] = 0.0;                        //用最小值初始化
    double ky = 0.6, kz = 0.6;
    Graphics g = CreateGraphics();        //创建图形设备
    g.Clear(Color.LightGray);
    int dy = 400, dz = 500;               //调整图形显示位置
    for (int i = 199; i >= 0; i--)
    {
        for (int j = 0; j < 199; j++)     //处理一行
        {
            double y1 = j * size - i * size * ky;  //(i,j,DEM[i,j])的投影点
            double z1 = DEM[i, j] - i * size * kz;
            double y2 = (j + 1) * size - i * size * ky;  //(i,j+1,DEM[i,j+1])
                                                   //的投影点
            double z2 = DEM[i, j + 1] - i * size * kz;
```

```
                Dealwith(g, y1+dy, z1+dz, y2+dy, z2+dz, A);
        }
        for (int j = 198; j >=0; j--)                //处理一列
        {
            double y1 = i * size - j * size * ky;        //(j,i,DEM[j,i])的投影点
            double z1 = DEM[j, i] - j * size * kz;
            double y2 = i * size - (j + 1) * size * ky;    //(j+1,i,DEM[j+1,i])
                                                           //的投影点
            double z2 = DEM[j + 1, i] - (j + 1) * size * kz;
            Dealwith(g, y1+dy, z1+dz, y2+dy, z2+dz, A);
        }
    }
    for (int i = 0; i < 200; i++)                //绘制边框
    {
        double y1 = i * size - 199 * size * ky + dy;        //行边框
        double z1 = DEM[199, i] - 199 * size * kz + dz;
        double z2 = -199 * size * kz + dz;
        z1 = 900 - z1; z2 = 900 - z2;
        g. DrawLine(Pens. Black,(int)y1, (int)z1, (int)y1, (int)z2);
        y1 = 199 * size - i * size * ky + dy;            //列边框
        z1 = DEM[i, 199] - i * size * kz + dz;
        z2 = -i * size * kz + dz;
        z1 = 900 - z1; z2 = 900 - z2;
        g. DrawLine(Pens. Black,(int)y1, (int)z1, (int)y1, (int)z2);
    }
}
```

Dealwith 是绘制两个相邻 DEM 数据曲线段的函数，需要处理曲线之间的遮挡关系。将该曲线段离散化，然后与高程记录器中的记录进行比较。设置一个变量 flag 记录比较结果，当 flag=0 时曲线段被遮挡，当 flag=1 时曲线段露头。需要绘制的曲线段是从 flag=1 变到 flag=0 的一段。其实现方法和解释如下：

```
private void Dealwith(Graphics g, double x1, double y1, double x2, double y2,double[ ]
A)
{
    int flag=0;                                //标识项,1:超出,0:不超出
    int xsave1=0,xsave2,x;
    double ysave1=0,ysave2,y;
    if(x1>x2)                                //确保 x1<x2
    {
```

```
            double xx = x1;x1 = x2;x2 = xx;
            double yy = y1;y1 = y2;y2 = yy;
        }
    for (x = (int)x1 + 1; x < x2; x++)
    {
        y = (y2 - y1) / (x2 - x1) * ((double)x - x1) + y1;
        if (y > A[x])
        {
            A[x] = y;
            if (flag == 0)                    //线段超出起始点
            {
                xsave1 = x; ysave1 = y;
                flag = 1;
            }
        }
        else
        {
            if (flag == 1)                    //线段超出部分结束点
            {
                xsave2 = x - 1;               //计算超出部分结束点
                ysave2 = (y2 - y1) / (x2 - x1) * ((double)(x - 1) - x1)+y1;
                flag = 0;
                ysave1 = 900 - ysave1;   //向下的设备坐标系 Y 坐标反向
                ysave2 = 900 - ysave2;       //画出超出部分
                g. DrawLine(Pens. Black,xsave1, (int)ysave1, xsave2, (int)ysave2);
            }
        }
    }
    if (flag == 1)                        //直到本线段结束也未被遮挡的处理方法
    {
        y = (y2 - y1) / (x2 - x1) * (x - x1)+y1;
        ysave1 = 900 - ysave1; y = 900 - y;
        g. DrawLine(Pens. Black, xsave1, (int)ysave1, x, (int)y);
    }
}
```

运行程序，查看效果。

7.3　Z 缓冲区算法

7.3.1　理论分析

本算法的前提是已经将投影进行了规范化处理，也就是本算法的投影垂直于投影平面的正平行投影，投影方向与 Z 轴方向相反，投影平面为 Z＝0。

Z 缓冲区算法是系统开辟一片存储空间记录图形显示窗口区域每一个像素点所对应的高程值。一个空间多边形任意内点的投影能否在显示窗口得到绘制，取决于该空间三维内点的高程值是否大于对应的像素点高程记录值。如果条件成立，则绘制该内点的投影，并用该内点的高程值替换像素点的高程记录值；否则就不绘制。最终，显示窗口中的每个像素都显示是高程值最高的图形内点，也就是离视点最近的图形内点，从而体现了正确的遮挡关系。

空间多边形的表达方式是顶点表示，即依次记录的多边形顶点三维空间坐标。根据任意三个不在同一直线上的点，可以计算出多边形平面方程。根据多边形的扫描转换填充算法，可以计算投影多边形的每一个内点的投影坐标(X, Y)。由投影坐标和多边形平面方程可以计算出投影点的对应高程，将该高程与 Z 缓冲区记录的高程值对比可以确定该投影点是否被绘制。

设多边形平面方程为：

$$z = Ax + By + C \tag{7-2}$$

根据三点确定一个平面的原理，在一个空间多边形上，任取不在一条直线上的三个顶点(x_1, y_1, z_1)、(x_2, y_2, z_2)、(x_3, y_3, z_3)，可以计算出平面方程系数如下：

$$A = \frac{(z_1 - z_3)(y_1 - y_2) - (z_1 - z_2)(y_1 - y_3)}{(y_1 - y_2)(x_1 - x_3) - (y_1 - y_3)(x_1 - x_2)} \tag{7-3}$$

$$B = \frac{(z_1 - z_2)(x_1 - x_3) - (z_1 - z_3)(x_1 - x_2)}{(y_1 - y_2)(x_1 - x_3) - (y_1 - y_3)(x_1 - x_2)} \tag{7-4}$$

$$C = z_1 - Ax_1 - By_1 \tag{7-5}$$

当(x_1, y_1, z_1)、(x_2, y_2, z_2)、(x_3, y_3, z_3)不在一条直线上时，分母

$$(y_1 - y_2)(x_1 - x_3) - (y_1 - y_3)(x_1 - x_2) \neq 0$$

这也是选择三个空间顶点必须满足的条件。

在这部分程序中，新建了结构 My3DPolygon 用于记录三维空间多边形信息，包括：空间多边形填充颜色，空间多边形顶点数量和顶点坐标值。基于该结构，建立一个结构数组，用于记录所有空间多边形。为了简化编程，在程序中直接给出了 6 个空间多边形的相关信息。设计的操作步骤为：(1)点击菜单项；(2)系统程序直接调入空间多边形参数；(3)系统建立和初始化 Z 缓冲区；(4)系统运用本算法依次对每一个空间多边形进行投影、显示。

7.3.2　编程实现

打开工程项目，选择菜单项"消隐"，添加"Z 缓冲区算法"子项，将其属性项 Name 的

属性值改为英文字符"ZBuffer"，双击菜单项建立菜单响应函数 ZBuffer_Click，在系统建立的空的响应函数中加入如下语句：

```
private void ZBuffer_Click(object sender, EventArgs e)
{
    MenuID = 53;
    ReadPolygon();
    ZBufferDraw();
}
```

在 Form 类中建立新结构 My3DPolygon 用于记录三维空间多边形信息，并定义结构数组如下所示：

```
public struct My3DPolygon
{
    public Color pcolor;
    public int number;
    public Point3D[] Points;
}

My3DPolygon[] PGroup = new My3DPolygon[6];
Point[] group = new Point[100];         //创建一个能放 100 个点的点数组
Point[] pointsgroup = new Point[4];   //创建一个有 4 个点的点数组
Point3D[] modegroup = new Point3D[40];//创建一个有 8 个点的三维点数组
```

ReadPolygon 函数的功能是从数据库中读入相关的空间多边形。由于本实验中，空间多边形为自定义，因此，ReadPolygon 函数实际采用向特定结构变量中植入数据的方式定义 6 个空间多边形。其实现方法如下：

```
private void ReadPolygon()
{
    PGroup[0].pcolor = Color.Red;
    PGroup[0].number = 4;
    PGroup[0].Points = new Point3D[4];
    PGroup[0].Points[0] = new Point3D(150, 130, 310);
    PGroup[0].Points[1] = new Point3D(340, 150, 540);
    PGroup[0].Points[2] = new Point3D(380, 410, 1100);
    PGroup[0].Points[3] = new Point3D(160, 380, 820);

    PGroup[1].pcolor = Color.Green;
    PGroup[1].number = 5;
    PGroup[1].Points = new Point3D[5];
    PGroup[1].Points[0] = new Point3D(160, 120, 440);
    PGroup[1].Points[1] = new Point3D(410, 110, 930);
```

```
    PGroup[1].Points[2] = new Point3D(520, 550, 1570);
    PGroup[1].Points[3] = new Point3D(350, 430, 1130);
    PGroup[1].Points[4] = new Point3D(170, 220, 560);


    PGroup[2].pcolor = Color.Blue;
    PGroup[2].number = 6;
    PGroup[2].Points = new Point3D[6];
    PGroup[2].Points[0] = new Point3D(600, 600, 1300);
    PGroup[2].Points[1] = new Point3D(770, 500, 1370);
    PGroup[2].Points[2] = new Point3D(960, 420, 1480);
    PGroup[2].Points[3] = new Point3D(830, 300, 1230);
    PGroup[2].Points[4] = new Point3D(720, 230, 1050);
    PGroup[2].Points[5] = new Point3D(650, 210, 960);


    PGroup[3].pcolor = Color.Yellow;
    PGroup[3].number = 6;
    PGroup[3].Points = new Point3D[6];
    PGroup[3].Points[0] = new Point3D(220, 200, 710);
    PGroup[3].Points[1] = new Point3D(350, 340, 1055);
    PGroup[3].Points[2] = new Point3D(590, 660, 1815);
    PGroup[3].Points[3] = new Point3D(300, 600, 1550);
    PGroup[3].Points[4] = new Point3D(180, 320, 930);
    PGroup[3].Points[5] = new Point3D(150, 220, 715);


    PGroup[4].pcolor = Color.SkyBlue;
    PGroup[4].number = 6;
    PGroup[4].Points = new Point3D[6];
    PGroup[4].Points[0] = new Point3D(600, 680, 2260);
    PGroup[4].Points[1] = new Point3D(300, 670, 1840);
    PGroup[4].Points[2] = new Point3D(200, 520, 1440);
    PGroup[4].Points[3] = new Point3D(190, 430, 1250);
    PGroup[4].Points[4] = new Point3D(380, 220, 1020);
    PGroup[4].Points[5] = new Point3D(540, 300, 1340);


    PGroup[5].pcolor = Color.Brown;
    PGroup[5].number = 6;
    PGroup[5].Points = new Point3D[6];
    PGroup[5].Points[0] = new Point3D(400, 670, 1470);
```

```
        PGroup[5]. Points[1] = new Point3D(680, 610, 1690);
        PGroup[5]. Points[2] = new Point3D(690, 340, 1430);
        PGroup[5]. Points[3] = new Point3D(500, 210, 1110);
        PGroup[5]. Points[4] = new Point3D(200, 180, 780);
        PGroup[5]. Points[5] = new Point3D(400, 320, 1120);
    }
```

ZBufferDraw 函数是实现算法的主要函数。其功能是先建立一个 Z 缓冲区，然后从结构数组中依次读出每一个空间多边形，在与 Z 缓冲区进行比较的基础上，依次画出每一个空间多边形的投影结果。其实现程序如下：

```
private void ZBufferDraw( )
{
    double[,] Z = new double[1000,800];
    for (int i = 0; i < 1000; i++)                    //初始化 Z 缓冲区
        for (int j = 0; j < 800; j++)
            Z[i, j] = 0.0;
    for (int i = 0; i < 6; i++)
    {
        ZBufferPolygon(PGroup[i], Z);                 //画一个投影多边形
    }
}
```

ZBufferPolygon 函数的功能是在与 Z 缓冲区进行比较的基础上，画出一个空间多边形的投影结果。该函数的主要功能是画一个填充多边形，但在绘制每一个内点时需要与 Z 缓冲区中的对应单元存储的高程值进行比较，只有大于 Z 缓冲区高程值的内点才被画出。因此可以将多边形扫描转换填充函数拷贝过来，做必要修改。该函数的实现程序如下：

```
private void ZBufferPolygon(My3DPolygon PG, double[,] Z)
{
    if (! GetPolygen(PG))
    {
        return;
    }
    Point[] g1 = new Point[100];                      //用于存放投影后的二维多边形
    EdgeInfo[] edgelist = new EdgeInfo[100];
    int j = 0, yu = 0, yd = 1024;                     //活化边的扫描范围,从 yd 到 yu
    for (int i = 0; i < PG. number; i++)
    {
        g1[i]. X = (int)(PG. Points[i]. X+0. 5);
        g1[i]. Y = (int)(PG. Points[i]. Y+0. 5);
    }
```

```
        g1[PG. number]. X = (int)(PG. Points[0]. X+0.5);        //将第一点复制为数组最
                                                                //后一点
        g1[PG. number]. Y = (int)(PG. Points[0]. Y + 0.5);
        for (int i = 0; i < PG. number; i++)                    //建立每一条边的边结构
        {
            if (g1[i]. Y > yu) yu = g1[i]. Y;                   //活化边的扫描范围从 yd 到 yu
            if (g1[i]. Y < yd) yd = g1[i]. Y;
            if (g1[i]. Y! = g1[i + 1]. Y)                       //只处理非水平边
            {
                if (g1[i]. Y > g1[i + 1]. Y)
                {
                    edgelist[j++] = new EdgeInfo(g1[i + 1]. X, g1[i + 1]. Y, g1[i].
X, g1[i]. Y);
                }
                else
                {
                    edgelist[j++] = new EdgeInfo(g1[i]. X, g1[i]. Y, g1[i + 1]. X, g1
[i + 1]. Y);
                }
            }
        }
        Graphics g = CreateGraphics();                          //创建图形设备
        for (int y = yd; y < yu; y++)
        {
            var sorted =                                        //选出与当前扫描线相交的边结构; 排序
                from item in edgelist
                where y < item. YMax && y >= item. YMin
                orderby item. XMin, item. K
                select item;
            int flag = 0;
            foreach (var item in sorted)                        //两两配对,画线
            {
                if (flag == 0)
                {
                    FirstX = (int)(item. XMin + 0.5); flag++;
                }
                else
                {
```

```
                    Pen p=new Pen(PG. pcolor);//根据空间多边形属性设置填充颜色
            for (int x =    FirstX; x <(int)(item. XMin + 0.5); x++)
            {
                    double z=A * x+B * y+C;        //计算高程值
                    if (z > Z[x, y])
                    {
                    Z[x, y] = z;   //高于当前缓冲器中存储的高程值,才画
                    g. DrawRectangle(p, x, y, 1, 1);
                    }
                    }
                    flag = 0;
                    }
                    }
            for (int i = 0; i < j; i++)                //将 dx 加到 x
            {
                    if (y < edgelist[i]. YMax - 1 && y > edgelist[i]. YMin)
                    {
                    edgelist[i]. XMin += edgelist[i]. K;
                    }
                    }
                    }
```

与多边形扫描转换填充算法不同的是：

(1)首先对空间多边形进行判断。一个真实的空间多边形，至少能找到一组不在一条空间直线上的三个连续顶点。根据这三个顶点，可以确定空间多边形所在平面的方程。确定方法见式(7-2)~式(7-5)。函数 GetPolygen 的功能就是完成空间多边形所在平面方程的计算，实质就是计算出平面方程系数 A、B、C。其实现程序如下所示：

```
private bool GetPolygen(My3DPolygon PG)
{
    int d;
    int i=0;
    do
    {
        d = (int)((PG. Points[i]. X - PG. Points[i + 2]. X) * (PG. Points[i]. Y - PG. Points[i + 1]. Y)-(PG. Points[i]. X - PG. Points[i + 1]. X) * (PG. Points[i]. Y - PG. Points[i + 2]. Y));
        i++;
    }while( d = = 0 | | i+2<PG. number);
```

```
    if ( d ! = 0)
    {
        i--;
        A = ( ( PG. Points[ i ]. Z - PG. Points[ i + 2]. Z) * ( PG. Points[ i ]. Y -
PG. Points[ i + 1]. Y) - ( PG. Points[ i ]. Z - PG. Points[ i + 1]. Z) * ( PG. Points[ i ]. Y -
PG. Points[ i + 2]. Y) ) / d;
        B = ( ( PG. Points[ i ]. Z - PG. Points[ i + 1]. Z) * ( PG. Points[ i ]. X -
PG. Points[ i + 2]. X) - ( PG. Points[ i ]. Z - PG. Points[ i + 2]. Z) * ( PG. Points[ i ]. X -
PG. Points[ i + 1]. X) ) / d;
        C = PG. Points[ i ]. Z - A * PG. Points[ i ]. X - B * PG. Points[ i ]. Y;
        return true;
    }
    else
        return false;
}
```

为了将计算的方程系数传递给其他函数使用，将 A、B、C 设置为静态变量，如下所示：

```
public int MenuID, PressNum, FirstX, FirstY, R, XL, XR, YU, YD;
static double A, B, C;
public struct EdgeInfo
```

（2）将三维空间多边形参数由三维空间坐标数组搬到二维平面坐标数组，以便能够借助多边形扫面转换填充程序。

（3）在画每一个内点前，计算该内点对应的高程值，并与 Z 缓冲区存储值做比较。

运行程序，查看效果。

本章作业

1. 按照本章说明，完成地形显示 1 方法。
2. 按照本章说明，完成地形显示 2 方法。
3. 按照本章说明，完成缓冲区消隐方法。
4. 完成画家消隐方法。
5. 完成区域子分消隐方法。

第8章 曲 线

8.1 Bezier 曲线

8.1.1 理论分析

一条 Bezier 曲线是由一群控制点决定的。实际应用中，一条 Bezier 曲线是由多段 Bezier 曲线首尾相连而成。一段 Bezier 曲线的次数与控制点的点数密切相关，人们常常使用三次曲线，那么一段曲线的控制点的点数为 4。因此，一群控制点常常被划分成多组控制点，每一组包含 4 个控制点，它们决定了一段 3 次 Bezier 曲线的形状。整条 Bezier 曲线就是这样，由多段 Bezier 曲线首尾相连而成。

为了使相邻的两段 Bezier 曲线以一阶几何连续平滑地连接起来，就要求前一组最后一个控制点与后一组第一个控制点相同（即共用一个点），同时要求前一组倒数第二个控制点、最后一个控制点（即后一组第一个控制点）、后一组第二个控制点这三个控制点在一条直线上。如果要求给出的控制点在相邻的组之间都能满足这种要求，那么控制点的布点工作将受到极大的限制。因为对于每一组控制点来说，为了和前一段 Bezier 曲线平滑连接，该组的前两个控制点就要受到一定的约束；为了和后一段 Bezier 曲线平滑连接，该组的后两个控制点也要受到一定的约束。对于 3 次 Bezier 曲线而言，总共只有 4 个控制点，它们全部受到约束而不能随意变动。

这种要求不仅难以满足，而且灵活性被极大地削弱。解决的办法是计算得出两个相邻曲线段的连接点控制点，具体方法可以这样：用前一组的倒数第二点和后一组的第二点连线的中点作为相邻两段曲线控制点的终点和起点，如图 8-1 所示。这样，不论怎样给出控制点，相邻的曲线总能光滑地连接起来。

图 8-1　用计算的方法求出连接控制点

增加了这样的计算控制点，我们就要注意整个控制点的分组方法。如图 8-2 所示，用鼠标确定的控制点用数字 1，2，3，…表示，计算出来的控制点用字母 a，b，c，…表示。因为原有控制点和计算控制点形成了整条曲线的控制点，控制点分组用以下方式进行：第一段曲线控制点为 1，2，3，a；第二段曲线控制点为 a，4，5，b；第三段曲线控制点为 b，6，7，c；依此类推。最后一组控制点如果不足 4 个，则舍弃这组控制点。

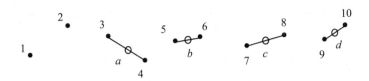

图 8-2　插入点计算控制点示意图

每一组 4 个控制点可以生成一段 3 次 Bezier 曲线，生成的方法有公式法和手工生成法。它们的共同特点是，先计算出一定间隔且密度足够的一系列曲线上的精确点，然后用直线依次将它们连接起来就得到一段曲线。

公式法采用如下参数方程：

$$p(t)= p_0(1-t)^3+ 3p_1 t(1-t)^2+3p_2 t^2(1-t) + p_3 t^3, \ 0\leq t\leq 1 \tag{8-1}$$

式中，四个控制点的坐标依次是 $(X_0，Y_0，Z_0)$，$\cdots$，$(X_3，Y_3，Z_3)$，与之对应，曲线上的点 $p(t)$ 用坐标表示为 $(x(t)，y(t)，z(t))$。等间隔地给定一系列 t 参数，如 $t=0, 0.1, 0.2, \cdots, 1$，可以依据方程计算出一系列对应的空间点坐标 $(x(t)，y(t)，z(t))$，将它们依次连起来就得到一段三维空间中的 Bezier 曲线。改变间隔，可以计算出更密集的系列点，得到更精确的曲线段。如果是生成二维平面上的曲线，只需要应用前两个方程计算 x、y 坐标即可。

手工生成法基于如下原理：在一段有向线段中，起点对应参数 $t=0$，终点对应参数 $t=1$，则线段上介于起点和终点之间的任意一点 $p(t)$ 可以由起点 $p(0)$ 和终点 $p(1)$ 计算出来：

$$p(t)= (1-t)p(0)+tp(1)，0\leq t\leq 1 \tag{8-2}$$

将 t 参数固定为一个特定值。一条 Bezier 曲线的四个控制点依次连接成 3 段有向线段，在 3 段有向线段上可以根据 t 参数确定三个点；这三个点依次连接成 2 段有向线段，在 2 段有向线段上可以根据 t 参数确定两个点；这两个点依次连接成 1 段有向线段，在 1 段有向线段上可以根据 t 参数确定一个点。这一点就是 Bezier 曲线上参数为 t 时的精确点。将参数 t 依次固定为 $0.1, 0.2, \cdots, 0.9$，就可以得到一系列 Bezier 曲线上的精确点。将它们依次用直线连接起来，就得到手工生成的一段 Bezier 曲线。如果认为 0.1 的间隔太大，还可以取更小的间隔。

如果一条 Bezier 曲线的四个控制点已经依次放入数据组 g，用手工生成法计算 Bezier 曲线上参数为 t 的精确点的程序如下：

```
for(n=4;n>0;n--)
    for(i=0;i<n;i++)
        g[i]=(1.0-t)*g[i]+t*g[i+1];
```

此时，$g[0]$ 即为所求 $p(t)$。

Bezier 曲线的操作这样安排：用鼠标左键进行控制点选点，右键结束选控制点，程序经过计算并显示一条黑色的 Bezier 曲线。再用左键点击选取一个控制点进行移动修改，右键结束一个控制点移动。当所有的修改完成以后，双击左键生成一条正式的红色 Bezier 曲线。

需要注意的是，首次布点和修改控制点位置，都用到了鼠标左右键，但在不同阶段，对鼠标的操作要求不同，必须想办法将两个阶段区分开。

8.1.2 编程实现

1. 建立菜单响应函数

打开工程项目，选择菜单项"基本图形生成"，找到"Bezier 曲线"子项，将其属性项 Name 的属性值改为英文字符"BezierCurve"，双击菜单项建立菜单响应函数 BezierCurve_Click，在系统建立的空的响应函数中加入语句如下：

```
private void BezierCurve_Click(object sender, EventArgs e)
{
    MenuID = 7;   PressNum = 0;   PointNum = 0;
    Graphics g = CreateGraphics();    //创建图形设备
    g.Clear(BackColor1);              //设置背景色
}
```

PointNum 是记录曲线控制点点数的变量，必须事先说明如下：

Color BackColor1 = Color.White;

Color ForeColor1 = Color.Black;

public int MenuID, PressNum, PointNum, FirstX, FirstY, OldX, OldY, XL, XR, YU, YD;

至此，菜单响应函数建立完成。

2. 鼠标操作

选定 Bezier 曲线菜单后，要做的第一件事就是用鼠标选择一系列控制点，选取方法是按左键选点，按右键结束选点。选取的点以及记录的点数，在生成在 Bezier 曲线时还要使用，因此将选取的点存入文档类变量数组 group[ ]，记录的点数存入变量 PointNum。在 Form1_MouseClick 函数中加入如下语句：

```
if (MenuID == 24)   //窗口裁剪
{

    g.DrawLine(Pens.Red, group[PressNum - 1], group[0]);//最后一条边
    WindowCut1();

    PressNum = 0;   //清零,为绘制下一个图形做准备
}
}
if (MenuID == 7)
{
    if (e.Button == MouseButtons.Left)               //如果按左键,存顶点
```

```
                {
                    group[PointNum].X = e.X;
                    group[PointNum++].Y = e.Y;
                    g.DrawLine(Pens.Black, e.X-5, e.Y, e.X+5, e.Y);    // Bezier 曲线选点并做
                                                                        //十字标志
                    g.DrawLine(Pens.Black, e.X, e.Y-5, e.X, e.Y+5);
                    PressNum = 1;
                }
            if (e.Button == MouseButtons.Right&&PointNum>3)//如果按右键,结束控制点选
                                                            //择,画曲线

                {
                    Bezier1(1);       //绘制曲线
                    MenuID = 107;       //将下面的操作改为修改控制点位置
                    PressNum = 0;
                }
    }
```

函数 Bezier1()是根据数组 group[ ]中的控制点完成整个 Bezier 曲线的绘制,现在还没有实现,先建立一个空函数如下:

```
            if (e.Button == MouseButtons.Right&&PointNum>3)//如果按右键,结束控制点
                                                            //选择,画曲线

                {
                    Bezier1(1);       //绘制曲线
                    MenuID = 107;       //将下面的操作改为修改控制点位置
                    PressNum = 0;
                }
            }
        }

    private void Bezier1(int mode)
    {
    }
```

完成选点程序后,将 MenuID 改为 107,这样又可以利用鼠标左右键通过修改控制点进行曲线形状的改变工作。下面的操作就是用鼠标左键捕捉控制点并通过鼠标移动改变位置,用鼠标右键结束这种操作。在鼠标按键函数 Form1_MouseClick()中增加如下语句:

```
            if (e.Button == MouseButtons.Right&&PointNum>3)//如果按右键,结束控制点选
                                                            //择,画曲线

                {
                    Bezier1(1);     //绘制曲线
                    MenuID = 107;       //将下面的操作改为修改控制点位置
```

```
            PressNum = 0;
        }
    }

if ( MenuID = = 107)    // 改变 Bezier 曲线控制点位置,调整曲线形状
{                            // 在控制点数组中,以 10x10 大小的窗口逐个寻找
    if ( e. Button = = MouseButtons. Left&&PressNum = = 0)
    {
        for ( int i = 0; i < PointNum; i++)
        {
            if ( ( e. X >= group[ i ]. X - 5) && ( e. X <= group[ i ]. X + 5)
                && ( e. Y >= group[ i ]. Y - 5) && ( e. Y <= group[ i ]. Y + 5))
            {
                SaveNumber = i;
                PressNum = 1;
            }
        }
    }
}
```

变量 PressNum 此时的功能是状态说明,当其为 0 时还没有控制点被捕捉,鼠标左键捕捉到一个控制点时,将其设置为 1。变量 SaveNumber 记录了找到的控制点的编号,但该变量还没有说明。在程序文件中增加说明如下:

```
        Color BackColor1 = Color. White;
        Color ForeColor1 = Color. Black;
        public int MenuID, PressNum, PointNum, SaveNumber, FirstX, FirstY, OldX, OldY,
XL, XR, YU, YD;
```

当一个控制点被捕捉时,随着鼠标的移动,该控制点随着鼠标的移动而变化,曲线形状也随着发生改变。在鼠标移动函数 Form1_MouseMove( ) 中加入下列语句实现这种设计:

```
    if( ( MenuID = = 31 | | MenuID = = 24) &&PressNum>0)
    {
        if ( ! ( e. X = = OldX && e. Y = = OldY))
        {
            g. DrawLine ( BackPen, group[ PressNum-1 ]. X, group[ PressNum-1 ]. Y, OldX,
OldY);
            g. DrawLine ( MyPen, group[ PressNum-1 ]. X, group[ PressNum-1 ]. Y, e. X,
e. Y);
            OldX = e. X;
            OldY = e. Y;
        }
    }
```

```
if (MenuID == 107 && PressNum > 0)
{
    if (! (group[SaveNumber].X==e.X&&group[SaveNumber].Y==e.Y))
    {
        g.DrawLine(BackPen, group[SaveNumber].X-5,group[SaveNumber].Y, group
[SaveNumber].X+5,group[SaveNumber].Y);
        g.DrawLine(BackPen, group[SaveNumber].X,group[SaveNumber].Y-5, group
[SaveNumber].X,group[SaveNumber].Y+5);
        Bezier1(0);                    //擦除十字标志和旧线
        g.DrawLine(MyPen, e.X-5,e.Y,e.X+5,e.Y);
        g.DrawLine(MyPen, e.X,e.Y-5,e.X,e.Y+5);
        group[SaveNumber].X = e.X;        //记录新控制点
        group[SaveNumber].Y = e.Y;
        Bezier1(1);                    //画十字标志和新曲线
    }
}
```

当选取的控制点移动到合适的位置时，按右键结束移动，确定新的控制点位置。在鼠标点击函数中加入下列语句：

```
if (MenuID == 107)      // 改变 Bezier 曲线控制点位置,调整曲线形状
{                       // 在控制点数组中,以 10x10 大小的窗口逐个寻找
    if (e.Button == MouseButtons.Left&&PressNum==0)
    {
        for (int i = 0; i < PointNum; i++)
        {
            if ((e.X >= group[i].X - 5) && (e.X <= group[i].X + 5)
            && (e.Y >= group[i].Y - 5) && (e.Y <= group[i].Y + 5))
            {
                SaveNumber = i;
                PressNum = 1;
            }
        }
    }

    if (e.Button == MouseButtons.Right&&PointNum>3) //如果按右键,结束控制点
                                                    //选择,画曲线
    {
        PressNum = 0;
    }
}
```

　　由于 PressNum 重新置 0，又可以用左键选别的控制点加以调整。如所有需要调整的控制点处理完毕，双击左键，生成一条正式的 Bezier 曲线。因此首先要生成双击左键响应函数。

　　在 Form1. cs[设计]页面点击 Form1 窗体空白处，选中窗体，在系统窗口右下角的属性窗口中点击"事件"按键。在点击以后列出的所有窗体事件中，双击"MouseDoubleClick"事件，系统自动建立空的响应函数 Form1_MouseDoubleClick。在该函数中添加如下语句：

```
private void Form1_MouseDoubleClick( object sender, MouseEventArgs e)
{
    Graphics g = CreateGraphics( );                //创建图形设备
    Pen MyPen = new Pen( Color. White, 1 );
    if ( MenuID = = 107 )
    {
        for ( int i = 0; i < PointNum; i++ )       //消除所有光标
        {
            g. DrawLine( MyPen, group[i]. X - 5, group[i]. Y, group[i]. X + 5, group[i]. Y );
            g. DrawLine( MyPen, group[i]. X, group[i]. Y - 5, group[i]. X, group[i]. Y + 5 );
        }
        Bezier1( 2 );                              //绘制 Bezier 曲线
        MenuID = 7;                                //将下面的操作改回 Bezier 曲线方式
        PressNum = 0;
        PointNum = 0;
    }
}
```

3. 曲线生成

　　到现在为止，绘制 Bezier 曲线的鼠标操作框架已完全搭好，只需要完成绘制 Bezier 曲线的函数 Bezier1( )。生成 Bezier 曲线的控制点存放在数组 group[ ]中，但 group[ ]中的点并不是全部的控制点，还需要在其中插入能够将各段曲线首尾平滑地连接起来的那些控制点。因此，函数 Bezier1( )的首要任务是在数组 group[ ]的控制点中插入一些控制点，然后将所有控制点分组，每组生成一段 Bezier 曲线。

　　需要插入的控制点已在图 8-2 中示意。图中数组 group[ ]的点依次编号为 1，2，3，…，插入的点为 a，b，c，d，…。可以看出，从点 3 开始，每个奇数号点和偶数号点之间插入一个控制点，插入控制点是由奇数号点和偶数号点的连线上取一点。为了简便，我们取中点。插入控制点后，点 1，2，3，a 决定第一段曲线形状，点 a，4，5，b 决定第二段曲线形状，等等。由于点 3，a，4 在一条直线上，第一段曲线和第二段曲线自动地平滑连接于点 a 处，其他的相邻曲线段同样自动地平滑连接于插入点处，形成一条平滑的、完整的曲线。

可以看到,函数 Bezier( )的主要功能是:(1)计算控制点;(2)所有控制点依次分成 4 个一组;(3)调用函数为每组控制点形成一段 Bezier 曲线。实现方法是在已经形成的空函数中加入下列语句:

```
private void Bezier1(int mode)
{
    Point[ ] p = new Point[300];    //足够大的数组,存储完整的 Bezier 曲线控制点
    int i, j;
    i = 0; j = 0;
    p[i++] = group[j++];    //先将第 1,2 号点存入数组
    p[i++] = group[j++];
    while (j <= PointNum - 2)    //存入奇、偶号点,生成并存入插入点
    {
        p[i++] = group[j++];
        p[i].X = (group[j].X + group[j - 1].X) / 2;
        p[i++].Y  = (group[j].Y + group[j - 1].Y) / 2;
        p[i++] = group[j++];
    };
    for (j = 0; j < i - 3; j += 3)     //控制点分组,分别生成各段曲线
    {
        Bezier_4(mode, p[j], p[j + 1], p[j + 2], p[j + 3]);
    }
}
```

函数中,Bezier_4( )函数根据四个控制点生成一段 Bezier 曲线,可以在 Bezier1( )函数后面加入下列语句实现:

```
private void Bezier_4(int mode, Point p1, Point p2, Point p3, Point p4)
{
    int i, n;
    Graphics g = CreateGraphics();    //创建图形设备
    Point p =new Point();
    Point oldp =new Point();
    double t1, t2, t3, t4, dt;
    Pen MyPen= new Pen(Color.Red, 1);
    n = 100;
    if (mode==2)    //mode=2 时,画红色曲线
    {
        MyPen = new Pen(Color.Red, 1);
    }
    if (mode==1)    //mode=1 时,画黑色曲线
```

109

```
        {
                MyPen = new Pen(Color. Black，1);
        }

        if (mode==0)   //mode=1 时，擦除曲线

        MyPen = new Pen(Color. White，1);

        oldp = p1;

        dt = 1.0 / n;      //参数 t 的间隔，分 100 段，即用 100 段直线表示一段曲线
        for (i = 1; i <= n; i++)    //用 Bezier 参数方程计算曲线上等间隔的 100 个点
        {
                t1 = (1.0 - i * dt) * (1.0 - i * dt) * (1.0 - i * dt);  //计算(1-t)³
                t2 = i * dt * (1.0 - i * dt) * (1.0 - i * dt);      //计算 t (1-t)²
                t3 = i * dt * i * dt * (1.0 - i * dt);        //计算 t²(1-t)
                t4 = i * dt * i * dt * i * dt;          //计算 t³
                p. X = (int)(t1 * p1. X + 3 * t2 * p2. X + 3 * t3 * p3. X + t4 * p4. X);
                p. Y = (int)(t1 * p1. Y + 3 * t2 * p2. Y + 3 * t3 * p3. Y + t4 * p4. Y);
                g. DrawLine(MyPen, oldp, p);
                oldp = p;
        }
}
```

至此，Bezier 曲线的绘制程序全部完成。编译程序，运行。

我们还分析了 Bezier 曲线手工生成方法的编程实现，下面的函数就是其具体程序：

```
private void Bezier_41(int mode，Point p1，Point p2，Point p3，Point p4)
{
        Graphics g = CreateGraphics();        //创建图形设备
        Point p =new Point();
        Point oldp =new Point();
        double t, dt;
        Point[ ] g1 = new Point[4];
        g1[0] = p1;g1[1] = p2;g1[2] = p3;g1[3] = p4;
        Pen MyPen= new Pen(Color. Red，1);
        int n = 100;
        if (mode==2)   //mode=2 时，画红色曲线
        {
                MyPen = new Pen(Color. Red，1);

        if (mode==1)   //mode=1 时，画黑色曲线
```

```
            MyPen = new Pen(Color.Black, 1);

        if (mode==0)   //mode=1 时,擦除曲线

            MyPen = new Pen(Color.White, 1);

    oldp = p1;
    dt = 1.0 / n;                //参数 t 的间隔,分 n 段,即用 n 段直线表示一段曲线
    for (int i = 1; i <= n; i++)    //用 Bezier 参数方程计算曲线上等间隔的 n 个点

        t = i * dt;
        for(int k = 3;k>0;k--)

            for(int j = 0;j<k;j++)

                g1[j].X = (int)((1.0 - t) * g1[j].X + t * g1[j + 1].X);
                g1[j].Y = (int)((1.0 - t) * g1[j].Y + t * g1[j + 1].Y);

        p = g1[0];
        g.DrawLine(MyPen, oldp, p);
        oldp = p;
```

用函数 Bezier_41 替换 Bezier1 函数中的函数 Bezier_4,编译程序,运行。

8.2 B 样条曲线

8.2.1 理论分析

一条 B 样条曲线同样由一群控制点决定的。一条 B 样条曲线是由多段曲线首尾相连而成。在这里,我们同样使用三次均匀 B 样条曲线,所以曲线为 4 阶的,也就是每一段曲线控制点的点数为 4。在这种情况下,相邻的曲线有 3 个重复的控制点,相邻曲线自动以 2 阶几何连续光滑地连接起来。因此,第一步工作就是将一群控制点依次分组,每组 4 个控制点。

每一组 4 个控制点可以生成一段 3 次 B 样条曲线,生成的方法是公式法,公式如下:

$$p(t) = [p_0(1-t)^3 + p_1(3t^3 - 6t^2 + 4) + p_2(-3t^3 + 3t^2 + 3t + 1) + p_3 t^3]/6, \quad 0 \leqslant t \leqslant 1 \qquad (8-3)$$

式中，四个控制点的坐标依次是(X_0, Y_0, Z_0)，…，(X_3, Y_3, Z_3)，与之对应，曲线上的点$p(t)$用坐标表示为$(x(t), y(t), z(t))$。等间隔地给定一系列t参数，如$t=0$, 0.1, 0.2，…，1，可以依据方程计算出一系列对应的空间点坐标$(x(t), y(t), z(t))$，将它们依次连起来就得到一段三维空间中的曲线。改变间隔，可以计算出更密集的系列点，得到更精确的曲线段。如果是生成二维平面上的曲线，只需要应用前两个方程计算x、y坐标。

8.2.2 编程实现

1. 建立菜单响应函数

打开工程项目，选择菜单项"基本图形生成"，找到"B样条曲线"子项，将其属性项Name的属性值改为英文字符"BSampleCurve"，双击菜单项建立菜单响应函数BSampleCurve_Click，在系统建立的空的响应函数中加入语句如下：

```
private void BSampleCurve_Click(object sender, EventArgs e)
{
    MenuID = 8;  PressNum = 0;  PointNum = 0;
    Graphics g = CreateGraphics();   //创建图形设备
    g.Clear(BackColor1);             //设置背景色
}
```

至此，菜单响应函数建立完成。

2. 鼠标操作

B样条曲线的操作方法与Bezier曲线一样，因此，可以借助已有的Bezier曲线操作程序部分。在Form1_MouseClick函数中做如下修改：

```
if(MenuID == 7 || MenuID == 8)
{
    if(e.Button == MouseButtons.Left)              //如果按左键,存顶点
    {
        group[PointNum].X = e.X;
        group[PointNum++].Y = e.Y;
        g.DrawLine(Pens.Black, e.X-5,e.Y,e.X+5,e.Y);  // Bezier曲线选点并
                                                       // 做十字标志
        g.DrawLine(Pens.Black, e.X,e.Y-5,e.X,e.Y+5);
        PressNum = 1;
    }
    if(e.Button == MouseButtons.Right&&PointNum>3)//如果按右键,结束控制点选
                                                  //择,画曲线
    {
        If(MenuID == 7)
        {
            Bezier1(1);       //绘制曲线
```

```
        MenuID = 107;      //将下面的操作改为修改控制点位置
            }
        If( MenuID = = 8 )

    BSample1( 1 );        //绘制曲线
    MenuID = 108;      //将下面的操作改为修改控制点位置

        PressNum = 0;
    }
}
```

函数 BSample1 是根据数组 group[ ]中的控制点完成整个 B 样条曲线的绘制,现在还没有实现,接在 Form1_MouseClick 函数后,先建立一个空函数如下:

```
    if ( MenuID = = 107 )   //改变 Bezier 曲线控制点位置,调整曲线形状
    {                        //在控制点数组中,以 10×10 大小的窗口逐个寻找
        if ( e. Button = = MouseButtons. Left&&PressNum = =0 )
        {
            for ( int i = 0; i < PointNum; i++)
            {
                if ( ( e. X >= group[ i]. X - 5) && ( e. X <= group[ i]. X + 5)
                && ( e. Y >= group[ i]. Y - 5) && ( e. Y <= group[ i]. Y + 5))
                {
                    SaveNumber = i;
                    PressNum = 1;
                }
            }
        }
    if ( e. Button = = MouseButtons. Right&&PointNum>3)//按右键,结束控制点选择,画
                                                        曲线
        {
            PressNum = 0;
        }
    }
}

private void BSample1( int mode )
{

}
```

同样,将 MenuID 改为 108,以利用鼠标左右键通过修改控制点进行曲线形状的改变工作。下面的操作就是用鼠标左键捕捉控制点并通过鼠标移动改变位置,用鼠标右键结束

这种操作。在鼠标按键函数 Form1_MouseClick 中做如下修改:

```
if (MenuID = = 107||MenuID = = 108)        // 改变 Bezier 曲线控制点位置,调整曲线
                                           // 形状
{                                          // 在控制点数组中,以 10×10 大小的窗口逐个寻找
    if (e. Button = = MouseButtons. Left&&PressNum = =0)
    {
        for (int i = 0; i < PointNum; i++)
        {
            if ((e. X >= group[i]. X - 5) && (e. X <= group[i]. X + 5)
                && (e. Y >= group[i]. Y - 5) && (e. Y <= group[i]. Y + 5))
            {
                SaveNumber = i;
                PressNum = 1;
            }
        }
    }
}
```

当一个控制点被捕捉时,随着鼠标的移动,该控制点随着鼠标的移动而变化,曲线形状也随着发生改变。在鼠标移动函数 Form1_MouseMove 中做如下修改:

```
if((MenuID = = 107||MenuID = = 108) && PressNum > 0)
{
    if (!(group[SaveNumber]. X = =e. X&&group[SaveNumber]. Y = =e. Y))
    {
        g. DrawLine(BackPen, group[SaveNumber]. X-5,group[SaveNumber]. Y, group
        [SaveNumber]. X+5,group[SaveNumber]. Y);
        g. DrawLine(BackPen, group[SaveNumber]. X,group[SaveNumber]. Y-5, group
        [SaveNumber]. X,group[SaveNumber]. Y+5);
        if(MenuID = = 107)                  //擦除十字标志和旧线
            Bezier1(0);
        if(MenuID = = 108)
            BSample1(0);
        g. DrawLine(MyPen, e. X-5,e. Y,e. X+5,e. Y);
        g. DrawLine(MyPen, e. X,e. Y-5,e. X,e. Y+5);
        group[SaveNumber]. X = e. X;         //记录新控制点
        group[SaveNumber]. Y = e. Y;
        if(MenuID = = 107)                  //画十字标志和新曲线
            Bezier1(1);
        if(MenuID = = 108)
            BSample1(1);
```

```
            }
    }
```

当选取的控制点移动到合适的位置时，按右键结束移动，确定新的控制点位置。由于 PressNum 重新置 0，因此又可以用左键选别的控制点加以调整。当所有需要调整的控制点处理完毕，双击左键，生成一条正式的 B 样条曲线。对双击左键响应函数做如下修改：

```csharp
private void Form1_MouseDoubleClick(object sender, MouseEventArgs e)
{
    Graphics g = CreateGraphics();                  //创建图形设备
    Pen MyPen = new Pen(Color.White, 1);
    if(MenuID == 107 || MenuID == 108)
    {
        for(int i = 0; i < PointNum; i++)     //消除所有光标
        {
            g.DrawLine(MyPen, group[i].X - 5, group[i].Y, group[i].X + 5, group[i].Y);
            g.DrawLine(MyPen, group[i].X, group[i].Y - 5, group[i].X, group[i].Y + 5);
        }
        if(MenuID == 107)
        {
            Bezier1(2);                    //绘制 Bezier 曲线
            MenuID = 7;                    //将下面的操作改回 Bezier 曲线方式
        }
        if(MenuID == 108)
        {
            BSample1(2);                   //绘制 B 样条曲线
            MenuID = 8;                    //将下面的操作改回 B 样条曲线方式
        }
        PressNum = 0;
        PointNum = 0;
    }
}
```

3. 曲线生成

生成 B 样条曲线的控制点存放在数组 group[ ] 中，函数 BSample1 的任务是将所有控制点依次分组，每组控制点独立生成一段 B 样条曲线。

相邻曲线段具有三个重复的控制点，如果数组 group[ ] 中的点依次编号为 1，2，3，…，则分组后的各组控制点分别是：1，2，3，4；2，3，4，5；3，4，5，6；…，直到最后一个控制点被分组。

函数 BSample1 的主要功能是：（1）所有控制点依次分成 4 个一组；（2）调用函数为每组控制点形成一段 B 样条曲线。实现方法是在已经形成的空函数中加入下列语句：

```
private void BSample1(int mode)
{
    for (int i = 0; i < PointNum - 3; i++)          //控制点分组,分别生成各段曲线
    {
        BSample_4(mode, group[i], group[i+1], group[i+2], group[i+3]);
    }
}
```

函数中，BSample_4 函数是根据四个控制点生成一段 B 样条曲线，可以在 BSample1 函数后面加入下列语句实现：

```
private void BSample_4(int mode, Point p0, Point p1, Point p2, Point p3)
{
    Graphics g = CreateGraphics();          //创建图形设备
    Point p = new Point();
    Point oldp = new Point();
    Pen MyPen = new Pen(Color.Red, 1);
    int n = 100;
    if (mode == 2)    //mode = 2 时,画红色曲线
    {
        MyPen = new Pen(Color.Red, 1);
    }
    if (mode == 1)    //mode = 1 时,画黑色曲线
    {
        MyPen = new Pen(Color.Black, 1);
    }
    if (mode == 0)    //mode = 1 时,擦除曲线
    {
        MyPen = new Pen(Color.White, 1);
    }
    oldp = p1;
    double dt = 1.0 / n;          //参数 t 的间隔,分 n 段,即用 n 段直线表示一段曲线
    for (double t = 0.0; t <= 1.0; t += dt)    //用 B 样条参数方程计算曲线上等间隔
                                               //的 n 个点
    {
        double t1 = (1.0 - t) * (1.0 - t) * (1.0 - t);     //计算 P0 对应项
        double t2 = 3.0 * t * t * t - 6.0 * t * t + 4.0;     //计算 P1 对应项
        double t3 = -3.0 * t * t * t + 3.0 * t * t + 3.0 * t + 1.0;//计算 P2 对应项
```

```
        double t4 = t * t * t;                    //计算 P3 对应项
        p.X = (int)((t1 * p0.X + t2 * p1.X + t3 * p2.X + t4 * p3.X)/6.0);
        p.Y = (int)((t1 * p0.Y + t2 * p1.Y + t3 * p2.Y + t4 * p3.Y)/6.0);
        if(t>0)
            g.DrawLine(MyPen, oldp, p);
        oldp = p;
    }
}
```

至此，B 样条曲线的绘制程序全部完成。编译程序，运行。

本章作业

1. 按照本章说明，完成 Bezier 曲线生成方法。
2. 按照本章说明，完成 B 样条曲线生成方法。
3. 完成 Hermite 曲线生成方法。

参 考 文 献

[1] [美]Christian Nagel，Bill Evjen，Jay Glynn. C#高级编程(第4版)[M]. 李敏波，译. 北京：清华大学出版社，2006.

[2] 孙家广，等. 计算机图形学(第3版)[M]. 北京：清华大学出版社，1998.

[3] 倪明田，吴良芝. 计算机图形学[M]. 北京：北京大学出版社，1999.

[4] 唐荣锡，汪嘉业，彭群生，等. 计算机图形学教程[M]. 北京：科学出版社，1988.

[5] 陈建春. Microsoft Visual C++图形系统开发技术基础[M]. 北京：电子工业出版社，1998.

[6] 李于剑. Visual C++实践与提高——图形图像编程篇[M]. 北京：中国铁道出版社，2001.